DAS GEHEIME LEBEN DER ELEMENTE

Laurence King Verlag GmbH
Jablonskistraße 27, 10405 Berlin
www.laurencekingverlag.de

Erstmals erschienen bei Greenfinch in Großbritannien 2021

Greenfinch ist ein Imprint von
Quercus Editions Ltd
Carmelite House, 50 Victoria Embankment
London EC4Y 0DZ

Ein Unternehmen von Hachette UK

Publisher: Kerry Enzor
Project editor: Anna Southgate
Design: Luke Bird
Illustrationen: Jo Parry
Herstellung: James Buswell

Für die deutsche Ausgabe
Übersetzung: Sarah Pasquay, Hildesheim
Lektorat: Katrin Höller, writehouse, Köln
Satz: Igor Divis, Dortmund
Projektleitung: hauffe publishing, Dortmund

ISBN: 978-3-96244-310-8

1. Auflage 2022
Gedruckt in China bei C&C Offset Printing Co. Ltd

DAS GEHEIME LEBEN DER ELEMENTE

Kathryn Harkup

Inhalt

Einleitung

So wie ABC-Plakate die Wände von Grundschulklassen zieren, so hängen Poster des Periodensystems in Räumen, in denen Naturwissenschaften gelehrt werden. Ihr Anblick ist uns aus Schulzeiten vertraut. Während die illustrierten Alphabete unserer Kindertage die Bausteine der Sprache zeigen, gibt das Periodensystem einen Überblick über die Bausteine des Lebens – die Elemente, aus denen wir und die Dinge um uns herum bestehen.

Es gibt verschiedene Arten, diese Elemente tabellarisch darzustellen. Die wohl bekannteste bildet die Form einer langgestreckten, niedrigen Burg, die zu beiden Seiten von einem Turm eingefasst wird. Jedes Element ist einer der vielen Steine der Burgmauern. Man würde diese Darstellung immer wiedererkennen, auch wenn man bisher nur einen kurzen Blick darauf geworfen hätte. Dieses allgegenwärtige Bild, das allzu leicht mit dem Hintergrund verschmilzt, teilt uns in einer einfachen Übersicht so außergewöhnlich viele Informationen mit, dass sich eine nähere Betrachtung lohnt.

Für mich gleicht das Periodensystem dem Foto einer weitverzweigten Familie, deren sämtliche Mitglieder zu einer riesigen Hochzeit, Beerdigung oder Taufe zusammengekommen sind. Alle sind da: die Normalen und die Schwierigen, die Extrovertierten und die Introvertierten, die Unterkühlten und die Freundlichen. Einige Elemente kommen sehr gut miteinander aus, manche sollte man besser voneinander fernhalten, und eine Handvoll meiden jegliche Gesellschaft außer ihrer eigenen. Mitglieder einer Familie besitzen häufig ähnliche physische und charakterliche Merkmale. Die große Familie der Elemente bildet da keine Ausnahme. Das Periodensystem sortiert die Elemente nach ihren verbindenden Merkmalen und schafft es so, die komplexen verwandtschaftlichen Beziehungen zwischen den einzelnen Familienzweigen in verständlicher Form darzustellen.

Grob gesagt gibt es zwei Arten von Elementen: Die Metalle, die zwei Drittel aller Elemente ausmachen und im linken und mittleren Bereich der Tabelle angeordnet sind, und die Nichtmetalle, die im restlichen Drittel oben rechts zu sehen sind. Auf einer differenzierteren Organisationsebene werden die Elemente nach ihren spezifischen chemischen Merkmalen gruppiert. Nahe Verwandte mit ähnlichen Merkmalen stehen in Spalten (Gruppen) mit eigenem Familiennamen, etwa die Erdalkalimetalle, die Sauerstoffgruppe oder die Halogene. Benachbarte Spalten sind eher wie Cousins: Sie weisen bestimmte

Ähnlichkeiten auf, haben aber mehr mit den Mitgliedern der eigenen Gruppe gemein. Je weiter zwei Elemente im Periodensystem auseinanderliegen, desto stärker unterscheiden sie sich voneinander.

Die erste Spalte von links enthält die temperamentvollen Alkalimetalle, die in Gesellschaft am glücklichsten sind. Die letzte Spalte außen rechts im Periodensystem besteht aus ruhigen, selbstgenügsamen Edelgasen, die allein gelassen werden wollen. Der Mittelteil des Periodensystems, der niedrige, flache Block, der den Körper der Burg bildet, ist voll von ungestümen, bunten Übergangsmetallen, die sich unmöglich ignorieren lassen. Unterhalb der Haupttabelle stehen zwei Reihen mit Elementen – die Lanthanoide und die Actinoide –, die sich von den übrigen abheben, einander aber bemerkenswert ähnlich sind. Diese beiden eng verbundenen Geschwisterteams haben den Naturwissenschaftlern schon reichlich Kopfzerbrechen und Kummer bereitet. Das Brillante an diesem ausgeklügelten und doch einfachen Organisationssystem ist, dass ein kurzer Blick auf die Tabelle Schlüsselinformationen über das Erscheinungsbild jedes noch so unscheinbaren Elements liefert und etliche Hinweise darauf gibt, wie es mit anderen reagiert.

Abgesehen von der Familienähnlichkeit ist jedes Element ein Individuum mit eigener Persönlichkeit und eigenen Charaktereigenschaften. Dieses Buch will keinen Überblick über das Periodensystem geben, sondern stattdessen 52 Elemente mit ihrer jeweiligen Geschichte vorstellen. Es gibt Einblicke in die Eigenarten der Elemente und erzählt von überraschenden Entdeckungen. Einige Elemente sind relativ unbekannt oder gerade erst entdeckt worden. Andere, uns bereits vertraute Elemente, werden in einem neuen Licht gezeigt. Und auch alte Freunde halten noch so manches Geheimnis bereit. Willkommen im *Geheimen Leben der Elemente*!

Das Periodensystem

Perioe	Gruppe 1	2	3	4	5	6	7	8	9
1	H								
2	Li	Be							
3	Na	Mg							
4	K	Ca	Sc	Ti	V	Cr	Mn	Fe	Co
5	Rb	Sr	Y	Zr	Nb	Mo	Tc	Ru	Rh
6	Cs	Ba	Lu	Hf	Ta	W	Re	Os	Ir
7	Fr	Ra	Lr	Rf	Db	Sg	Bh	Hs	M

Lanthanoide	La	Ce	Pr	Nd	Pm	Sm
Actinoide	Ac	Th	Pa	U	Np	Pu

10	11	12	13	14	15	16	17	18
								He
			B	C	N	O	F	Ne
			Al	Si	P	S	Cl	Ar
Ni	Cu	Zn	Ga	Ge	As	Se	Br	Kr
Pd	Ag	Cd	In	Sn	Sb	Te	I	Xe
Pt	Au	Hg	Tl	Pb	Bi	Po	At	Rn
Ds	Rg	Cn	Nh	Fl	Mc	Lv	Ts	Og

Eu	Gd	Tb	Dy	Ho	Er	Tm	Yb	Lu
Am	Cm	Bk	Cf	Es	Fm	Md	No	Lr

Elem

Die
ente

1

H

Wasserstoff
Der Außenseiter

Wasserstoff ist das Ursprungselement. Es ist kurz nach dem Urknall entstanden und einzigartig. Zwar hat es Ähnlichkeiten mit Elementen der ersten und der 17. Gruppe des Periodensystems, gehört aber nicht wirklich zu einer von ihnen. Es hebt sich von den anderen ab, ist speziell. Dass Wasserstoff anders ist als andere Elemente, ist nicht seine Schuld, er wurde ganz einfach so erschaffen.

Jedes Element besteht aus Atomen, die wiederum aus drei noch kleineren Einheiten aufgebaut sind: Protonen, Elektronen und Neutronen. Die Anzahl dieser Teilchen und ihr Verhältnis zueinander machen das Wesen eines Elements aus. Diese grundlegenden Bausteine bestimmen sowohl die Identität als auch das Verhalten des Atoms. Wasserstoff ist Wasserstoff, weil das Element in seiner Mitte, oder seinem Kern, ein positiv geladenes Proton hat. Hätte es mehr davon, wäre es etwas anderes. Um das positive Proton kreist ein negativ geladenes Elektron, um die Ladung auszugleichen. Zusammen bilden sie ein einzelnes, komplett neutrales Atom.

Die dritte Komponente ist das Neutron. Neutronen sind dazu da, alle positiven Protonen in dem kompakten Atomkern zusammenzuhalten. Wasserstoff mit seinem einen Proton benötigt eigentlich keine Neutronen und kommt meist sehr gut ohne sie zurecht. Dies ist nur eines von vielen Merkmalen, die Wasserstoff von allen anderen Elementen unterscheidet.

Wenn Protonen einem Atom seine Identität geben, dann geben Elektronen ihm seinen Charakter. Die Anzahl der Protonen in einem Atom zu verändern,

Wasserstoff

Nichtmetall

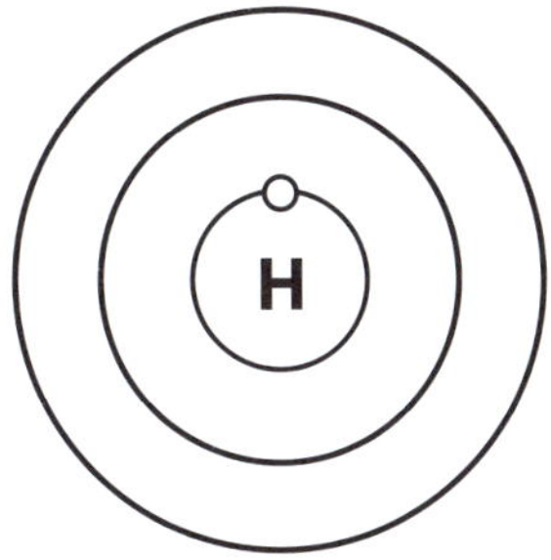

Schmelzpunkt

–259 °C

Siedepunkt

–253 °C

Gruppe	Periode
1	**1**

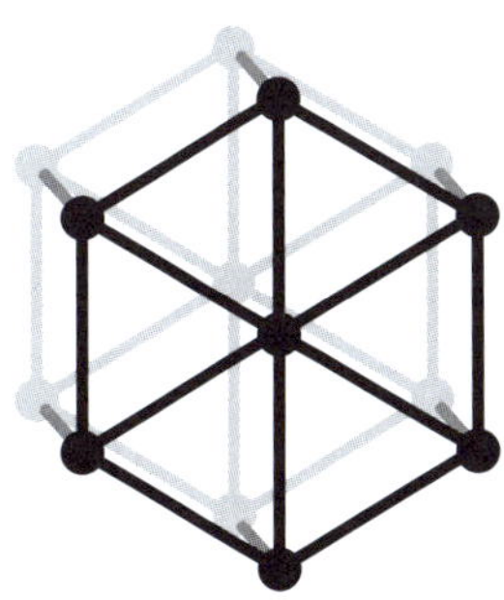

ist schwierig und nur unter speziellen Voraussetzungen möglich. Elektronen dagegen können geteilt, gespendet, gestohlen und leicht ausgewechselt werden. Wasserstoff hat nur ein Elektron zum Herumspielen, aber was zählt, ist, was man damit tut.

Wenn ein Wasserstoffatom sein Elektron verliert, bleibt nur ein winziges, nacktes Proton (H^+) zurück, ein unvorstellbar kleines Teilchen mit positiver Ladung. Doch so klein es auch sein mag, es besitzt große Macht. H^+ ist das, was Säuren ihre Schärfe gibt. Es ist der Grund, weshalb man den Toaster auf keinen Fall in die Badewanne fallen lassen sollte, denn H^+ hilft dem Wasser, den Strom zu leiten. Dieses einzelne Proton kann sich, wenn es nicht vom Elektron daran gehindert wird, mit Molekülen verbinden und deren Verhalten verändern. Bei Vorhandensein von H^+ ereignen sich chemische Reaktionen, die andernfalls nicht möglich gewesen wären. Moleküle, die sich im Wasser nicht auflösen, können mit Hilfe von H^+ in einer Lösung verschwinden.

Wenn Wasserstoff sein Elektron immer verlieren würde, wären die Dinge sehr viel einfacher. Er kann aber auch ein Elektron hinzugewinnen und zu H^- werden. H^- hat zwar auch seinen Nutzen, aber richtig zur Geltung kommt Wasserstoff erst, wenn er Elektronen teilt. Die Wasserstoffverbindung, eine schwache Elektronenbrücke, die sich drei Atome mit Wasserstoff in der Mitte teilen, ist ein Gamechanger. Wasserstoffverbindungen machen das Leben, wie wir es kennen, erst möglich. Sie halten Wasser flüssig und lassen Eis an der Oberfläche treiben. Diese speziellen Verbindungen sind so stark, dass sie DNA-Stränge zusammenhalten, aber auch so schwach, dass sie zum Kopieren und Lesen der DNA auseinandergezogen werden können.

Im Periodensystem sind die Elemente nach ähnlichen Eigenschaften sortiert. Der vielseitige Wasserstoff lässt sich allerdings schwer einordnen. Das prägende Merkmal der Elemente in Gruppe 17 ist eine einfache negative Ladung. Und einige Elemente dieser Gruppe sind – genau wie Wasserstoff – Gase, aber da enden die Ähnlichkeiten auch schon. In einigen wenigen Periodensystemen steht Wasserstoff daher an der Spitze von Gruppe 17.

Das Hauptmerkmal der ersten Gruppe des Periodensystems, der Alkalimetalle, dagegen ist eine einzelne positive Ladung. Wasserstoff ist daher häufig an der Spitze dieser Gruppe angeordnet, obwohl er mit den anderen Mitgliedern dieser Gruppe nur wenige weitere Merkmale gemein hat. Was ihn aber vor allem von ihnen unterscheidet: Wasserstoff ist ein Gas und kein Metall wie alle anderen Mitglieder der Gruppe 1. In der Wissenschaft gehen viele davon aus, dass Wasserstoffatome zu Metall werden könnten, wenn man sie nur fest genug zusammendrücken könnte. Doch niemandem ist es bisher gelungen, den dafür notwendigen Druck zu erzeugen. Wird Wasserstoff in Gruppe 1 einsortiert, wird er häufig durch eine andere Farbe oder einen kleinen Abstand abgesetzt, um seine missliche Lage hervorzuheben.

Wasserstoff mag sich schwer einsortieren lassen, aber genau diese Andersartigkeit macht seine Bedeutung aus. Und da drei Viertel aller Atome in dem uns bekannten Universum Wasserstoffatome sind, ist vielleicht nicht dieses Element ein Sonderfall, sondern all die anderen.

2

He

Helium
Der Eigenbrötler

Helium ist der Eigenbrötler im Periodensystem. Die meisten Elemente interagieren miteinander, um Verbindungen einzugehen, einige leidenschaftlicher als andere. Aber Helium will mit anderen Elementen (und sogar anderen Heliumatomen) nichts zu tun haben. Manche Elemente zerfallen so schnell nach ihrer Entstehung, dass sie schlicht und einfach nicht lange genug existieren, um eine chemische Reaktion zu erzeugen. Helium jedoch war von Anfang an da. Rund 300.000 Jahre nach dem Urknall entstanden Heliumatome aus der abkühlenden Masse aus Materie und Energie. Manche der damals gebildeten Heliumatome sind möglicherweise in all den Milliarden Jahren ihrer Existenz nie eine chemische Verbindung mit einem anderen Atom eingegangen.

Helium steht an der Spitze einer Gruppe von Elementen, die als Edelgase bekannt sind. Dieser Name gibt ihnen den Anschein selbstgefälliger Überlegenheit, was ihnen wahrlich nicht gerecht wird. Helium ist nicht faul, es blickt nicht auf andere Elemente herab, hält sie nicht der Interaktion für unwürdig. Ein Heliumatom ist einfach mit sich selbst voll und ganz zufrieden.

Heliumatome definieren sich durch die zwei Protonen in ihrem Kern. Rund 99,9998 Prozent der Heliumatome in einem Geburtstagsballon haben neben diesen zwei Protonen auch noch zwei Neutronen in ihrem Kern. Was Helium so zufrieden macht, sind die beiden Elektronen, die um die Protonen und Neutronen kreisen.

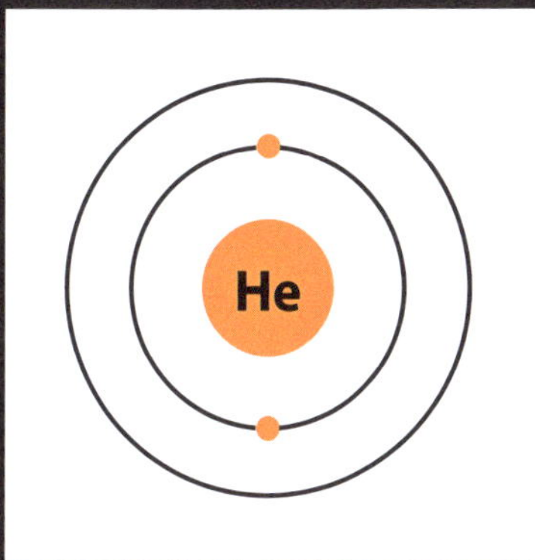

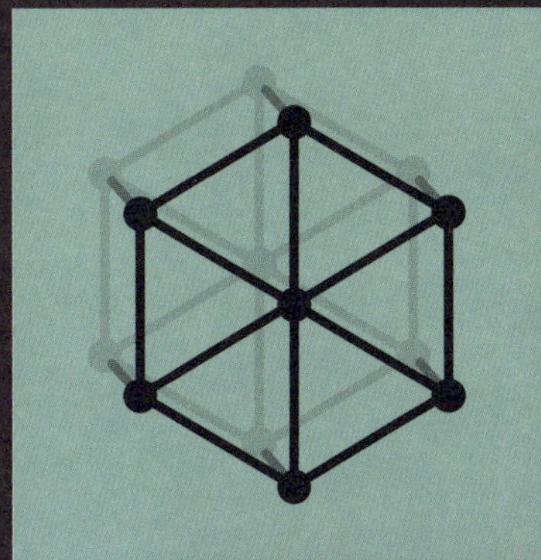

Schmelzpunkt

–272 °C

Siedepunkt

–269 °C

Gruppe	Periode
18	**1**

Helium

Edelgas

Bei allen Atomen sitzen die Elektronen auf größer werdenden Schalen um den Atomkern herum, und es gibt feste Regeln, wer sich wo hinsetzen darf. So wie Schüler, die vom Lehrer in die Aula geführt werden, besetzen die Elektronen zunächst die Schale, die dem Kern am nächsten ist, und zwar ohne Lücken zu lassen und ohne die Ränge zu überfüllen. Erst dann beginnen sie, die nächste Schale zu besetzen. Eine perfekt gefüllte Schale ist sowohl ästhetisch reizvoll als auch energetisch stabiler als eine chaotische, halbvolle Schale. Atome, deren Schalen nicht perfekt gefüllt sind, geben Elektronen an andere ab, stehlen oder teilen welche, um die Lücken zu füllen oder ein überschüssiges Elektron loszuwerden. Genau das passiert im Grunde bei allen chemischen Reaktionen: Durch das Verbinden mit anderen Atomen wird nach der stabilsten Elektronenanordnung gesucht.

Die erste Schale, die dem winzigen Atomkern am nächsten ist, ist auch die kleinste und bietet nur zwei Elektronen Platz. Helium hat daher eine perfekt geformte erste Schale. Käme ein Elektron hinzu oder würde eines weggenommen, wäre die Symmetrie gestört. Es bedarf einer gewaltigen Energie, etwa hoher Temperaturen oder hoher elektrischer Spannung, um diese Elektronen von ihren bequemen Positionen wegzubewegen – chemische Reaktionen können so viel Energie nicht liefern. Nach allgemeiner Auffassung gibt es ganz einfach keine Heliumverbindungen. Da das Element mit anderen Atomen nicht interagiert, bleibt es meistens unbemerkt. Es überrascht daher kaum, dass dieses unreaktive, unauffällige Helium auf der Erde so lange übersehen wurde. Es wurde rein zufällig entdeckt, als jemand in die Sonne schaute.

1868 reiste der Astronom Pierre Jules Janssen um die halbe Welt, um eine Sonnenfinsternis zu beobachten. Auf einem Signalturm im ostindischen Guntur stellte er ein Spektroskop auf, ein Gerät, das Licht in seine Spektralfarben zerlegt, also in fantastisch detaillierte Regenbögen. Diese Lichtstreifen werden von Elektronen erzeugt, die durch Energieaufnahme aus ihren angestammten Schalen herausbewegt werden und beim Zurückfallen auf ihre komfortablen Plätze diese Energie, die sie als Licht aufgenommen haben, wieder abgeben. Da sich die Schalen der einzelnen Elemente leicht unterscheiden, variieren auch die Lichtstreifen, die sie erzeugen – wie ein hell leuchtender Barcode, der jedes einzelne Element kennzeichnet. Unter den Streifen, die Janssen beobachtete, war ein hellgelber, der noch keinem bekannten Element zugeordnet worden war, dem er aber nur wenig Beachtung schenkte.

Wenige Monate später musste ein anderer Naturwissenschaftler, Norman Lockyer, lediglich in seinen eigenen Garten reisen, um ähnliche Sonnenbeobachtungen zu machen und dabei denselben hellgelben Lichtstreifen zu bemerken. Daraufhin verkündete Lockyer die Entdeckung eines neuen Elements, das er Helium nannte, nach dem griechischen *helios* (dt. Sonne) – möglicherweise nahm er an, dass es auf der Erde nicht vorkäme. Obwohl diese fantastische Entdeckung von Janssens Beobachtungen bestätigt wurde, erntete Lockyer dafür vor allem Spott. Wer hatte je von einem außerirdischen Element gehört? Doch dann fand William Ramsay 1895 mithilfe seines Spektroskops heraus, dass Helium sehr wohl an die Erde gebunden und in dem uranhaltigen Mineral Uraninit enthalten war.

3

Li

Lithium
Der Beruhigende

1929 stellte Charles Leiper Grigg der Welt ein neues Erfrischungsgetränk vor. Trotz seines sperrigen Namens (Bib-Label Lithiated Lemon-Lime Soda) und obwohl es zwei Wochen vor Ausbruch der Weltwirtschaftskrise auf den Markt kam, verkaufte es sich gut. Bald wurde der Name zu 7Up Lithiated Lemon Soda abgekürzt, ab 1936 hieß das Getränk dann nur noch 7Up.

Über den Namen des Getränks wurde viel spekuliert. Manche glaubten, er rühre daher, dass 7Up einen pH-Wert von 7 habe, doch das hat es nicht und hatte es auch nie. Andere meinten, Griggs Kreation sei nach den sieben Zutaten benannt, aus denen sie zusammengemischt wurde. Chemiker halten für wahrscheinlicher, dass der Name nur auf eine der Originalzutaten verweist: Lithium, dessen Atommasse 7 beträgt.

Grigg hatte sich ganz bewusst für Lithium entschieden. Er wollte in den damals florierenden Markt der Patentarzneimittel vordringen und bewarb das Getränk daher zunächst als Mittel gegen Kater, obwohl seine diesbezügliche Wirkung bezweifelt werden darf. Der gesundheitliche Nutzen von Lithiumsalzen war jahrzehntelang gepriesen worden. Rund um Quellen mit lithiumhaltigem Wasser waren im späten 19. Jahrhundert Kurorte entstanden. Geschichten über die Wunderkräfte dieses Wassers, das angeblich von Demenz bis Rheuma alles heilte, lockten zahlreiche Menschen herbei, die von dem Wasser trinken und in ihm baden wollten. Grigg war also auf einen bereits überladenen Zug aufgesprungen.

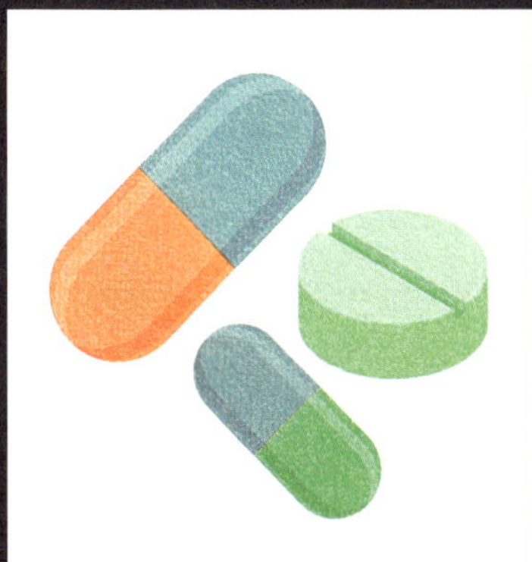

Lithium

Alkalimetall

Schmelzpunkt

180 °C

Siedepunkt

1342 °C

Gruppe	Periode
1	**2**

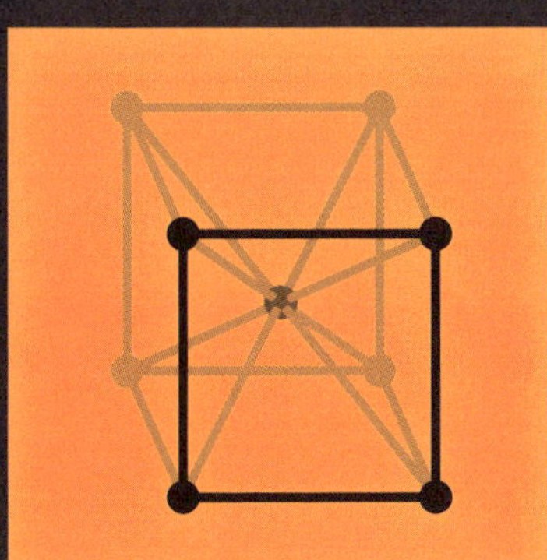

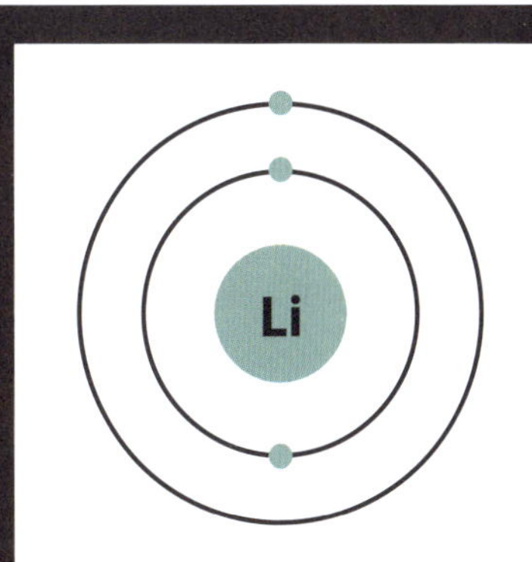

Winzige Mengen Lithium kommen auf natürliche Weise in unseren Körpern vor – einfach, weil Lithium in unserer Umwelt vorkommt. Wie Natrium und Kalium ist es ein Metall der Gruppe 1 und verfügt auch über ähnliche chemische Eigenschaften. Als die Wissenschaft herausfand, dass zu viel Natrium zu Bluthochdruck und Herzkrankheiten führen kann, verschrieben Ärzte Lithiumsalze, die die Natriumsalze, die wir normalerweise unserer Nahrung beifügen, ersetzen sollten. Des Weiteren entdeckte man, dass Lithium Harnsäurekristalle auflösen kann, die äußerst schmerzhafte Gichtattacken verursachen; daraufhin wurden noch mehr Rezepte für Lithium ausgestellt.

Es stimmt zwar, dass Lithium hilft, Harnsäurekristalle aufzulösen. Die Menge allerdings, die nötig wäre, um die lästigen Kristalle bei Gichtkranken aufzulösen, wäre für die Patienten toxisch. Es stimmt auch, dass Lithium Ähnlichkeit mit Natrium und Kalium hat, aber es ist eben nicht das gleiche. Natrium und Kalium erfüllen wichtige Funktionen im Körper. Aufgrund minimal abweichender chemischer Eigenschaften erfüllt Lithium dieselben Funktionen weniger effizient. Tatsächlich hat Lithium keine bekannte biologische Funktion, und schon kleine Mengen können den Körper stören oder ihm schaden. Als 1948 bekannt wurde, welche Gefahren von einer zu großen Lithiummenge ausgehen, wurde das Element aus sämtlichen Getränken verbannt, einschließlich 7Up. Im Jahr darauf wurden auch der Verkauf und der medizinische Einsatz von Lithium verboten. Die Gefahren von Lithiumarzneien waren sehr real, ihr potenzieller Nutzen aber wurde übersehen.

1949 begann der australische Psychiater John Cade mit Lithium-Harnsalz zu experimentieren. Harnsalz war für seine psychoaktive Wirkung bekannt, ließ sich aber in Wasser nicht gut auflösen. Also stellte Cade mithilfe von Lithium Lithium-Harnsalz her, das wasserlöslich war und daher injiziert werden konnte. Die aufgeregten Meerschweinchen, denen er die Injektionen verabreichte, wurden ruhig. Cade hatte herausgefunden, dass sich mit Lithium wahnhaftes Verhalten kontrollieren ließ, und bewarb es als Beruhigungsmittel. In der restlichen medizinischen Welt setzte sich das Mittel, angesichts der tödlichen Konsequenzen einer auch noch so kleinen Lithiumüberdosis, nur langsam durch.

Lithium ist in vielerlei Hinsicht ein ungewöhnliches Medikament. Die meisten Arzneien sind chemische Verbindungen der ein oder anderen Art. Bei Lithiummedikamenten dagegen wirkt das Element selbst. Bei korrekter Dosierung und sorgfältiger Überwachung lassen sich damit bipolare Störungen, schwere Depressionen und Schizophrenie sehr effektiv behandeln. Andere psychoaktive Drogen können euphorische Zustände hervorrufen. Nicht so Lithium. Es stabilisiert die Stimmung, kann aber dem Patienten das Gefühl geben, von der Welt abgeschnitten zu sein. Dieses Gefühl der Entfremdung erscheint manchen als zu hoher Preis. Dafür, dass Lithium in der Natur keine biologische Funktion erfüllt, hat es eine bemerkenswerte Wirkung auf Körper und Geist.

Lithium hilft, die chemischen Stoffe Serotonin und Dopamin aus den Nervenzellen freizusetzen. Es verändert auch die Anzahl der Rezeptoren für diese chemischen Stoffe im Gehirn. Welcher dieser Effekte genau Suizidtendenzen reduziert und bestimmten psychischen Störungen entgegenwirkt, ist allerdings nicht bekannt. Griggs Originalrezept hat vielleicht geholfen, die Angst vor dem Börsencrash zu lindern, allerdings auf die Gefahr hin, die Kunden zu vergiften.

4

Be

Beryllium
Der Weltraumkreuzer

Beryllium ist kostbar. In seiner Reinform ist es wenig beeindruckend, ein unauffälliges graues Metall. Aber hinter diesem reizlosen Äußeren verbirgt sich ein glamouröses, schillerndes Leben. Der Wert von Dingen bemisst sich an verschiedenen Kriterien: Schönheit, Nutzwert, Seltenheit, und Beryllium vereint alle drei, auch wenn das nicht immer offensichtlich ist. Dazu passt, dass die ersten Hinweise auf die Existenz von Beryllium in einem Edelstein gefunden wurden.

Die Zeit der Aufklärung im 18. Jahrhundert war durch eine unstillbare Neugier auf alles und jedes gekennzeichnet. Manche sahen zu den Sternen empor, um dem Geheimnis des Universums auf den Grund zu gehen. Andere studierten das Innere des menschlichen Körpers, um das Mysterium des Lebens zu enthüllen. Wieder andere untersuchten Gestein, um der Wahrheit über die Natur auf die Spur zu kommen. Einige Chemiker erforschten kostbare Juwelen, wohl in der Hoffnung, eine wundersame Substanz zu finden, die diese Steine so reizvoll machte. Louis Nicolas Vauquelin, ein französischer Chemiker, richtete seine Aufmerksamkeit auf Beryll, eine Klasse von Edelsteinen, zu denen Aquamarine und Smaragde gehören und die sich dadurch auszeichnen, dass sie in vielerlei Farben vorkommen.

1798 zerstampfte Vauquelin edle peruanische Smaragde zu Pulver, um ihre schwer fassbaren Inhaltsstoffe offenzulegen. Was er fand, war reichlich gewöhnliche Kieselerde, also quasi Sand, und stinknormales Aluminium. Das

Beryllium

Erdalkalimetall

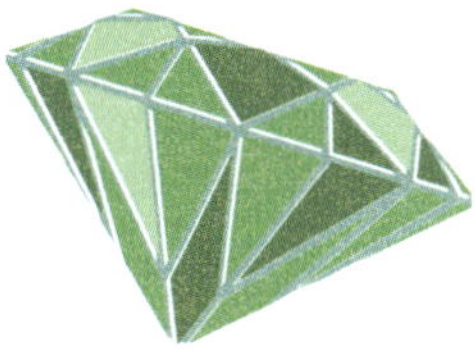

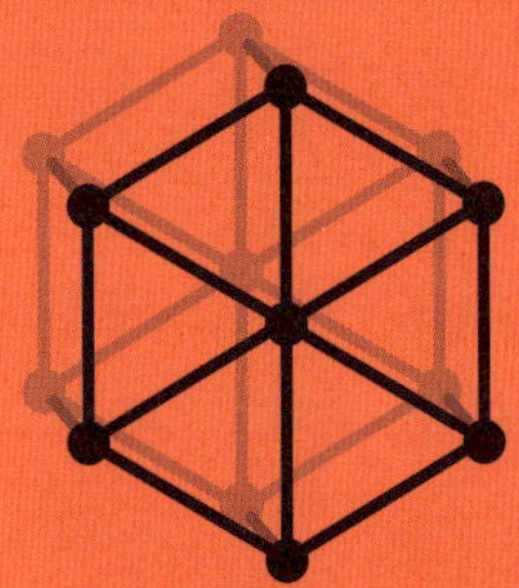

Schmelzpunkt

1287 °C

Siedepunkt

2468 °C

Gruppe	Periode
2	**2**

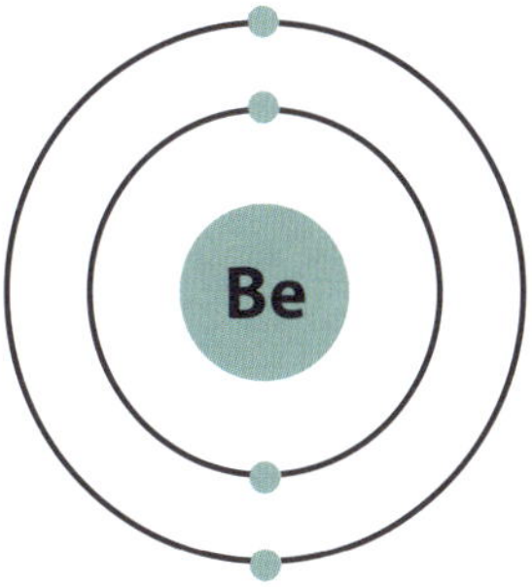

Zerstören der Juwelen machte sie wertlos, brachte aber auch wissenschaftliche Schätze zutage. Denn in den chemischen Überresten des Experiments fand Vauquelin noch etwas anderes. Dieses Etwas schmeckte wie Zucker, war aber gewiss kein Zucker. Wegen ihres süßen Geschmacks nannte Vauquelin die geheimnisvolle Substanz *glucine*. Was *glucine* genau war, wusste er nicht, aber er war überzeugt, dass die Substanz ein Metall enthielt, und schlug vor, dieses Metall Glucinium zu nennen. Keiner der Namen konnte sich durchsetzen.

Als immer mehr wertvolle Edelsteine der wissenschaftlichen Neugier geopfert wurden, zeigte sich, dass viele dieselben Grundstoffe enthielten. Vauquelins süße Substanz charakterisierte die Beryll-Klasse der Mineralien und Edelsteine und wurde daher Beryllerde genannt. Die Metallkomponente dieses Beriliumoxids, die 1828 endlich isoliert werden konnte, erhielt den Namen Beryllium.

Wenn die Wissenschaft auf ein schönes, schimmerndes Metall gehofft hatte, das diesen Juwelen ihren Glanz gab, oder ein farbig leuchtendes Metall, das Beryll-Mineralien ihre Regenbogenfärbung verlieh, dann wurde sie enttäuscht. Diese ersten wenigen matt-grauen Berylliumkörnchen, die in Versuchsröhrchen produziert wurden, müssen gelinde gesagt ernüchternd gewesen sein. Zudem ließ sich das Metall in nennenswerten Mengen nur aus Beryll extrahieren, und obwohl es mehr als 100 verschiedene Arten von Beryll-Edelsteinen gibt, sind doch die meisten von ihnen selten. Das reine Metall zu isolieren, war ein mühsamer Prozess, und diese wunderschönen Kristalle zu zerstören, um ihre grauen Metallbestandteile zu extrahieren, schien die Sache kaum wert zu sein. Dass Beryllium der wachsenden Liste der Elemente hinzugefügt wurde, war eine bedeutende wissenschaftliche Errungenschaft, aber es brauchte einen Nutzen.

Beryllium ist spröde und lässt sich schwer bearbeiten, nicht zuletzt, weil Berylliumstaub extrem giftig ist. Gleichwohl wurde es nicht in obskure wissenschaftliche Nischen verbannt. Berylliums Festigkeit, seine Hitzebeständigkeit und geringe Dichte machen es zu einem perfekten Material für die Luft- und Raumfahrtindustrie. Das langweilige Beryllium, das sein Dasein jahrzehntelang im Verborgenen gefristet hat, führt heute ein abenteuerliches Leben im Weltall, wo es eingesetzt wird, um Raketen, Satelliten und Weltraumteleskope widerstandsfähig zu machen.

Viele Elemente werden kurz nach ihrer Entdeckung hoch bewertet. Sobald weitere Anwendungsmöglichkeiten entdeckt und Extraktionsmethoden verbessert werden, kommt es häufig vor, dass die Preise fallen und uns ein Element plötzlich nicht mehr kostbar, sondern gewöhnlich erscheint. Auf Beryllium trifft das nicht zu. Aufgrund seiner Seltenheit ist es unwahrscheinlich, dass es irgendwann für alltägliche Belange eingesetzt wird. Die Beryllium-Knappheit liegt in den Eigenschaften seiner Atome begründet: Beryllium mag äußerlich stark sein, aber es hat ein zerbrechliches Herz.

Die meisten Elemente entstehen in Sternen, wo Atomkerne durch die starke Hitze und den Gravitationsdruck zusammengepresst werden. Wenn immer mehr Protonen in die winzigen Atomkerne gedrückt werden, entstehen neue Elemente. Für die Atomkerne der Elemente Lithium, Beryllium und Bor gilt das nicht; sie überleben in diesen riesigen Sternfabriken nicht sehr lange. Sie werden zertrümmert und gehen in anderen Atomkernen auf, um andere Elemente zu erschaffen. Man nimmt an, dass ein Großteil des Berylliums im Universum in einiger Entfernung zu den Sternen entstanden ist, vermutlich in interstellaren Staubwolken, wo schwerere Elemente von kosmischen Strahlen zertrümmert werden und Beryllium in den atomaren Trümmern zurückbleibt. Während die meisten Atome in großen Mengen produziert werden, wird Beryllium immer eine Seltenheit bleiben, die durch kosmische Zufälle entsteht.

5

B

Bor

(K)ein Raketenwissenschaftler

Es waren einmal zwei Länder, die sich in erbitterter Feindschaft gegenüberstanden. Sie wollten einander nicht bekämpfen, ließen sich aber auch nicht versöhnen. Stattdessen führten sie einen Wissenschaftskrieg, einen Kampf um die technologische Überlegenheit. Beide Länder schickten Agenten los, die den Feind ausspionieren sollten, um herauszufinden, welche Fortschritte er gemacht hatte, und um Hinweise zu finden, die ihnen einen Vorteil verschaffen könnten. Ein Spion versteckte sich am Rand eines Militärgeländes und beobachtete von dort den Start der neuesten Rakete des Feindes. Zu seinem Erstaunen sah er grüne Flammen aus dem Triebwerk schlagen. Also beeilte er sich, einen Bericht über diese eigenartige Beobachtung zu verfassen.

Als sein Bericht die Heimat erreichte, kratzten sich die Wissenschaftler am Kopf und studierten hilfesuchend das Periodensystem. Grüne Flammen? Sie wussten, dass jedes Element mit einer charakteristischen Farbe brannte. Raketen hatten orangefarbene Flammen, weil sie Stickstoff-, Wasserstoff- und Kohlenstoffverbindungen mit Sauerstoff verbrannten. Aber grün? Und was für ein Grünton war das? Die Nachricht des Spions enthielt keine weiteren Hinweise.

Es gibt einige Elemente, die mit grüner Flamme brennen. Könnte die grüne Flamme darauf hinweisen, dass der Feind zum Bau seiner Triebwerke

Bor

Borgruppe

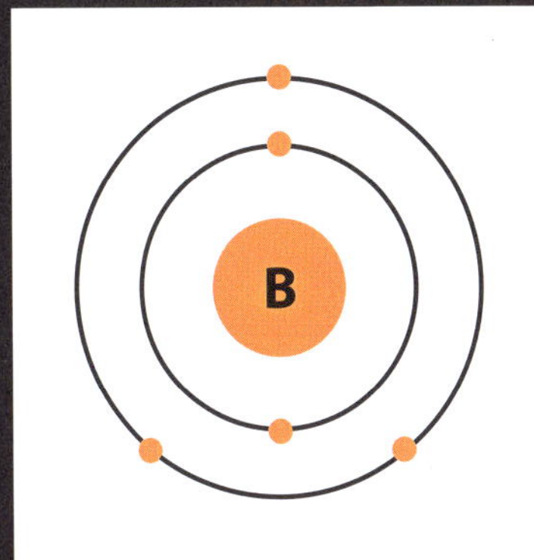

Schmelzpunkt

2077 °C

Siedepunkt

4000 °C

Gruppe	Periode
13	**2**

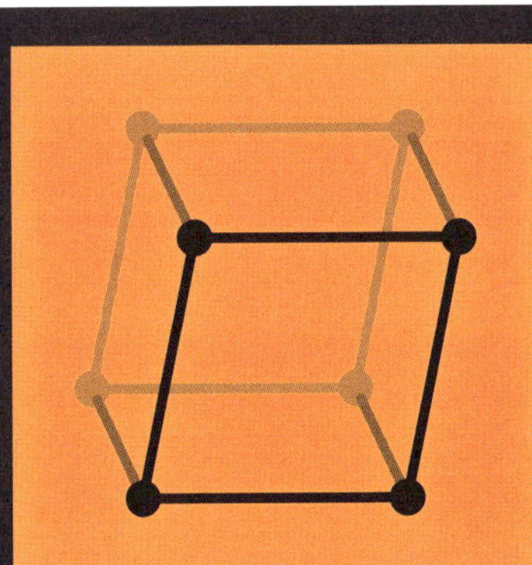

eine neue Kupfer- oder Bariumverbindung benutzt hatte? Oder war nicht die Rakete selbst der Grund für die Farbe, sondern der Treibstoff?

Die meisten herkömmlichen Treibstoffe sind chemische Verbindungen, sogenannte Kohlenwasserstoffe, die aus Kohlenstoff und Wasserstoff bestehen. Wenn diese Moleküle mit Sauerstoff reagieren, setzen sie viel Energie frei und produzieren die orangegelben Flammen, die den meisten von uns vertraut sind. Ein Blick auf das Periodensystem verrät, dass Kohlenstoff gleich neben Bor liegt. Als Nachbarn besitzen sie einige chemische Gemeinsamkeiten, unterscheiden sich aber auch in einigen Punkten. Wie Kohlenstoff kann Bor sich mit Wasserstoff zu sogenannten Boranen verbinden. Sie ähneln Kohlenwasserstoffen insofern, als sie mit Sauerstoff verbrennen, sind jedoch sehr viel reaktionsfreudiger und setzen im Verhältnis zu ihrem Gewicht mehr Energie frei. Und, was noch wichtiger ist: Borane brennen mit grüner Flamme.

Alles deutete darauf hin, dass der Feind einen neuen Raketentreibstoff entdeckt hatte, der ihm den alles entscheidenden technologischen Vorteil verschaffen konnte. Also wurden sehr viel Zeit und Geld in die Erforschung von Boranen gesteckt. Vielleicht ließ sich der Feind ja doch noch ein- oder sogar überholen. Es war eine steile Lernkurve.

Elemente, die im Periodensystem derselben Gruppe angehören, sind sich bisweilen sehr ähnlich. Benachbarte Gruppen jedoch sind eher wie verschiedene Zweige desselben chemischen Stammbaums. Bor ist der verrückte Cousin von Kohlenstoff. Kohlenstoff ist so perfekt ausbalanciert, dass er seine Elektronen

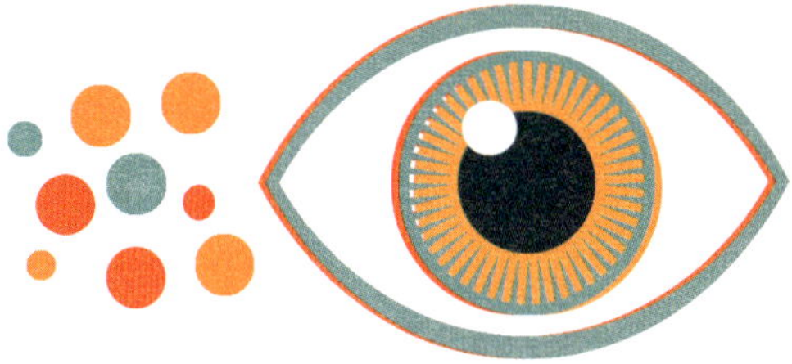

auf geordnete, effiziente Weise teilen und Kohlenwasserstoff bilden kann. Diese Moleküle sind so stabil, dass sie sich speichern lassen, aber auch so reaktiv, dass ein kleiner Funke genügt, um ihre gespeicherte Energie freizusetzen.

Bor hat Ähnlichkeit mit Kohlenstoff, aber ihm fehlen ein paar Dinge. Selbst wenn Bor sich mit Wasserstoffatomen zu Boranen verbindet, besitzt es keinen vollständigen Elektronensatz. Daher ist es weniger stabil und neigt dazu, Elektronen an sich zu ziehen, wenn sich die Gelegenheit bietet. Genau das passiert, wenn es in die Nähe von Sauerstoff gelangt. Sauerstoff ist reich an frei verfügbaren Elektronen. Da kann Bor sich nicht zurückhalten. Viele Borane fangen Feuer, sobald sie in der Luft auf Sauerstoff treffen. Das ist großartig, wenn man eine Rakete starten will, aber nervenaufreibend für die Mitarbeiter, die den Treibstoff produzieren, speichern und die Raketentanks befüllen müssen.

Wenn Kohlenwasserstoffe verbrennen, produzieren sie Wasser und Kohlendioxid. Zugegeben, Kohlendioxid ist kein Freund der Umwelt, aber für Motoren und Raketen ist es perfekt geeignet, denn es ist ein ungiftiges Gas, das sich leicht zerstreut. Die Bor-Pendants zu diesen Kohlenwasserstoffen sind giftig, und wenn sie verbrennen, produzieren sie Wasser und Bortrioxid, eine glasige Masse, die Motoren verstopft und Triebwerkschaufeln beschädigt. Für die Raketenwissenschaftler schien der enorme Energiegewinn durch Borane diese Risiken aufzuwiegen. Daher wurden noch mehr Zeit und Geld in das Projekt investiert. Man fand behelfsmäßige Lösungen, nahm Anpassungen vor, aber es traten immer neue Probleme auf. Wissenschaftler und Ingenieure waren mit ihrem Latein am Ende. Wie hatte der Feind diese Technologie nur zum Laufen gebracht?

Die ratlosen Wissenschaftler baten darum, den Spion zurückzubeordern, damit sie ihn befragen konnten. Sie wollten jedes noch so kleine Detail von ihm erfahren, das ihnen aus dem Labyrinth der technischen Probleme heraushelfen könnte. Während dieser gründlichen Befragung stellte sich heraus, dass der Agent farbenblind war. Die Flammen, die er vor all den Jahren gesehen hatte, waren orange gewesen.

6

C

Kohlenstoff
Der großartige Anpasser

Kohlenstoff ist das Schweizer Messer des Periodensystems, der Leonardo da Vinci der Elemente. Er kann sich hervorragend anpassen und glänzt in erstaunlich vielen Rollen und Situationen. Mindestens ein Drittel jedes Chemiekurses ist diesem einen Element und seinen Verbindungen gewidmet. Die zahlreichen Fähigkeiten von Kohlenstoff lassen sich unmöglich in einem kurzen Kapitel darstellen. Wenige Details von nur zwei Formen reinen Kohlenstoffs zu skizzieren, ist schon ein gewagtes Unterfangen, aber wir versuchen es trotzdem.

Als reines Element kann Kohlenstoff unterschiedliche Erscheinungsformen annehmen. Nicht die Atome verändern sich – entscheidend ist das, was man mit ihnen anstellt. Die zwei geläufigsten Anordnungen von Kohlenstoffatomen ergeben Grafit und Diamant. Obwohl sie aus genau demselben Stoff bestehen, sind sie nahezu komplette Gegenpole. Wenn Grafit Clark Kent ist, ist Diamant Superman.

Die Eigenschaften von Diamanten sind weithin bekannt. Sie wurden in Liedern besungen und haben in Filmen und Romanen eine Rolle gespielt. Allerdings sollte man Shirley Bassey und Marilyn Monroe nicht immer beim Wort nehmen: Diamanten sind nicht immer für die Ewigkeit, und sie können sehr wohl ihre Form verlieren.

Jeder Diamant ist ein nicht zusammenpressbarer einzelner Kohlenstoffkristall. Jedes Kohlenstoffatom in einem Diamanten ist mit vier anderen Kohlen-

C
Schmelzpunkt
3527 °C
Siedepunkt
4027 °C
Gruppe
Periode
14
2
Kohlenstoff
Kohlenstoffgruppe

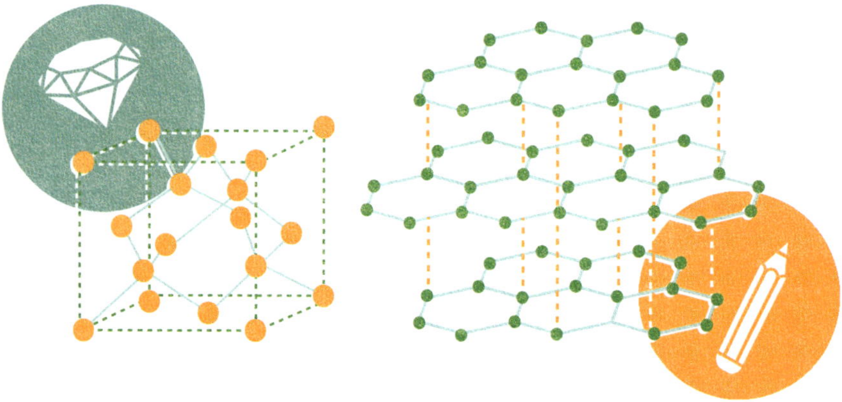

stoffatomen verbunden und bildet so ein riesiges, dreidimensionales Gitter. Es ist diese kompakte, effiziente Art, Atome zu verbinden, die Diamanten ihre Festigkeit und Schönheit verleiht. Aber die kostbaren Steine, die für uns Ewigkeit und Stabilität symbolisieren, sind im Vergleich zum bescheidenen Grafit nur metastabil.

Die Kohlenstoffatome in Grafit sind jeweils mit nur drei anderen zu Honigwaben-gleichen Schichten verbunden. Zwar gehen die einzelnen Kohlenstoffatome weniger Verbindungen ein, dafür sind diese Verbindungen stärker als die von Diamanten. Grafit ist daher die stabilste Form des Elements. Diese fest verbundenen Atomschichten liegen wie in einem Papierstapel übereinander, wobei zwischen den einzelnen Schichten nur schwache Kräfte wirken. Durch diese Anordnung erhält Grafit seine sehr anderen, aber nicht minder eindrucksvollen oder wünschenswerten Eigenschaften.

Irgendwann vor 1565 wurden im englischen Borrowdale in der Grafschaft Cumbria Vorkommen sehr reinen Reißbleis gefunden. Reißblei ist der alte Name für Grafit; im Englischen sprach man von *plumbago*, vom Lateinischen *plumbum* (dt. Blei), da das Material ganz ähnlich aussieht wie Bleierze. Mit Stücken dieses Minerals waren die örtlichen Schafherden markiert worden, aber schon bald stellte man fest, dass diese Substanz viel zu kostbar war, um fürs Vieh vergeudet zu werden. Eine Zeche wurde angelegt, und das Geld begann zu fließen.

Die schwachen Kräfte zwischen den Grafitschichten lassen sich durch leichte Reibung einfach überwinden. So hatte das Reißblei auch seinen Weg zu den Borrowdale-Schafen gefunden: Die Grafitschichten wurden einfach über ihr Fell gerieben. Im späten 16. Jahrhundert verkauften Händler das Borrowdale-Reißblei deshalb auch an Michelangelos Kunstschule in Italien. Daher rührt auch der Name Grafit, der aus dem Griechischen kommt und „Stein zum Schreiben“ bedeutet.

Aufgrund seiner glatten Schichten lässt sich Grafit mithilfe von Werkzeugen leicht formen, und diese Form ist erstaunlich hitzebeständig. Die starken Verbindungen innerhalb der Grafitschichten verhindern, dass das Material schmilzt, selbst wenn es mit flüssigem Blei übergossen wird. Die Engländer begannen daher, die Gussformen für ihre Kanonenkugeln mit Grafit auszukleiden. Die glattere, rundere Munition flog weiter und zielgenauer und verschaffte ihnen so einen bemerkenswerten militärischen Vorteil.

Als einzige Reißblei-Mine Englands erlangte die Borrowdale-Mine nationale Bedeutung. Wachen wurden aufgestellt und Gesetze erlassen, um das wertvolle, in den Hügeln von Cumbria lagernde Gut zu schützen. Und während man sich des Wertes von Reißblei wohl bewusst war, blieb die Identität der Substanz ein Geheimnis. Sie sah aus wie Bleierz, war aber definitiv keins.

Wissenschaftler rätselten auch, woraus Diamanten bestehen könnten, aber da es nahezu unmöglich war, diese quasi unzerstörbaren Steine aufzubrechen, konnte man sie nur schwer erforschen. Mit Sicherheit kam niemand auf die Idee, dass das weiche, grauschwarze Grafit aus demselben Stoff bestehen könnte wie der glänzende, harte Diamant – bis eines Tages Antoine Lavoisier sich mit einer riesigen Linse und viel wissenschaftlicher Entschlossenheit der Sache annahm.

1772 bündelte Lavoisier Sonnenstrahlen mit seiner Linse und richtete den Strahl auf einen Diamanten. Der verbrannte komplett, genau wie Grafit bei starker Hitze verbrennt. Es war, als würde Clark Kent seine Brille absetzen. Weitere 25 Jahre und Experimente – diesmal durchgeführt von Smithson Tennant – waren nötig, um die Lois Lanes der wissenschaftlichen Welt davon zu überzeugen, dass Grafit und Diamant das Gleiche waren, nur in unterschiedlichen Gewändern.

7

N

Stickstoff
Der Fruchtbare

Alles Leben auf der Erde ist abhängig von der Verfügbarkeit von Stickstoff. Das Element ist keine Mangelware, ganz im Gegenteil: Jeder Atemzug, den wir machen, besteht zu 78 Prozent aus Stickstoff, den wir unverändert und ungenutzt wieder ausatmen. Die Stickstoffatome in der Luft, die wir einatmen, sind paarweise fest miteinander verbunden, selbstgenügsam und chemisch indifferent gegenüber allem um sie herum. Das Leben jedoch benötigt Stickstoff, der sich mit anderen Elementen verbunden hat: mit Kohlenstoff, Sauerstoff und Wasserstoff. Zugang zu nutzbaren Stickstoffvorräten kann den Unterschied zwischen Hungersnot und unermesslichem Reichtum bedeuten. Mitte des 19. Jahrhunderts waren Manche sogar bereit, dafür in den Krieg zu ziehen.

Bis Chemiker im frühen 20. Jahrhundert industrielle Methoden erfanden, mit denen sich Stickstoffatome aus der Luft herausbrechen ließen, war alles Leben komplett davon abhängig, dass die Natur diese Aufgabe übernahm. Die Natur hat zwei Möglichkeiten, Stickstoffpaare aufzubrechen: durch rohe Gewalt in Form von Blitzschlag oder durch sanfte Überredung in Form von Bakterien. Blitze verwandeln Stickstoff in Nitrate, die in den Boden sickern, allerdings treten sie nur zufällig und nicht so häufig auf. Einige spezialisierte Bakterien können Stickstoff aus der Luft erst in Ammoniak, dann in Nitrate verwandeln, allerdings kommen diese Bakterien nur an den Wurzeln bestimmter Pflanzen vor, zum Beispiel Klee und Erbsen.

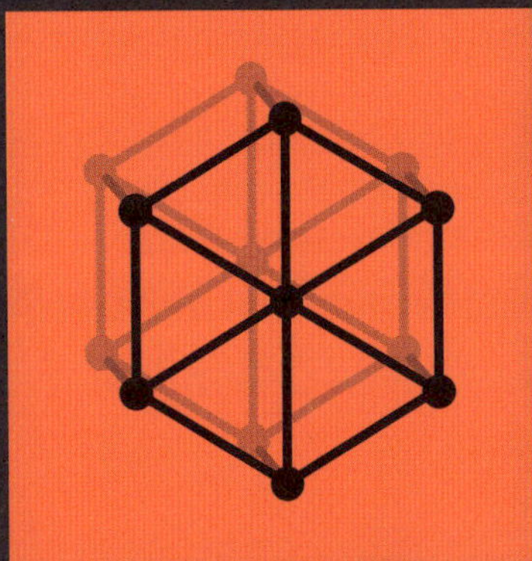

Schmelzpunkt

−210 °C

Siedepunkt

−196 °C

Gruppe	Periode
70	**2**

Stickstoff

Stickstoffgruppe

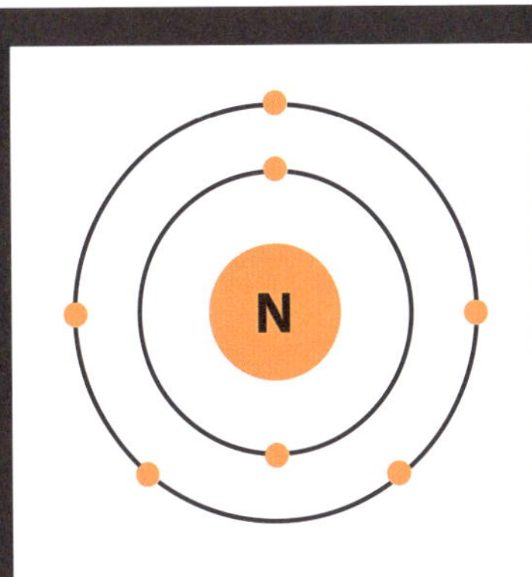

Pflanzen nutzen die Nitrate im Boden, um stickstoffhaltige Verbindungen herzustellen, die sie zum Überleben und Wachsen brauchen. Diese Stickstoffverbindungen werden über pflanzenfressende Tiere in der Nahrungskette weitergegeben. Das Leben zieht permanent den verfügbaren Stickstoff aus dem Boden. Der Tod bringt ihn dorthin zurück. Wenn ein Lebewesen stirbt, wird der Stickstoff aus der toten Biomasse bei der Zersetzung wieder freigesetzt und an den Boden zurückgegeben. So wird ein Gleichgewicht erreicht.

Dieses Gleichgewicht wird von der Landwirtschaft gestört: Durch wiederholtes Anpflanzen und Ernten von Pflanzen im selben Boden können die Nitratvorräte schnell zur Neige gehen. Zum Auffüllen der Vorräte auf ein Gewitter zu warten, ist nicht gerade praktisch. Pflanzen anzubauen, an deren Wurzeln stickstoffbindende Bakterien leben, bedeutet, dass ein Feld ein Jahr lang brach liegt. Mit Viehdung kann ein Teil der Stickstoffvorräte wieder aufgefüllt werden, denn Tiere fressen sehr viel mehr Stickstoff, als sie benötigen, und scheiden den überschüssigen Stickstoff wieder aus. Dennoch ist es ein Kreislauf mit stetig abnehmenden Erträgen. Um die landwirtschaftlichen Erträge konstant zu halten, bedarf es eines Düngers, aber natürliche Quellen sind schwer zu finden.

Die Chinchas sind drei kleine, nur von Seevögeln bewohnte Inseln vor der Küste Perus. Die peruanischen Ureinwohner brachten ihnen tiefe Verehrung entgegen. Hin und wieder segelten sie die sechs Meilen zu den Inseln, um kleine Mengen des staubigen weißen *huanu* einzusammeln, der die Granitfelsen bedeckte. Huanu galt ihnen als ebenso wertvoll wie Gold, da es den Mais auf ihren Feldern auch auf den kärgsten Böden üppig gedeihen ließ.

Die Kolonialherren brauchten eine Weile, bis sie die Bedeutung der Chinchas erkannten. Die Entdecker nahmen Proben des Huanu, den sie Guano nannten, mit in ihre Heimatländer, um sie dort wissenschaftlich zu untersuchen. Sie fanden heraus, dass er viele verschiedene Elemente enthielt, vor allem Stickstoff in Form von Harnstoff, doch sie konnten darin keinen Nutzen erkennen. Erst als Bauern den Guano von den Chinchas später auf ihren Feldern verteilten und das ungewohnt schnelle Wachstum der Pflanzen beobachteten, wurde ihnen das Potenzial bewusst. Die Jagd auf Guano war eröffnet.

In den 1850er Jahren wurden die Chinchas zum wertvollsten Boden der Welt. Jahrhundertelang hatten Milliarden von Seevögeln auf den Inseln ihre Ausscheidungen hinterlassen. Durch die Witterungsbedingungen waren diese ausgetrocknet, was zu einer Konzentration der darin enthaltenen Stickstoffverbindungen geführt hatte. Diese kleinen, rund fünf Quadratkilometer großen Inseln waren unter dem besten Dünger der Erde begraben. Hunderte chinesische Arbeiter wurden gezwungen, unter entsetzlichen Bedingungen das Guano abzutragen, an den Rand der Klippen zu karren und mittels Segeltuchrutschen geradewegs auf darunter ankernde Schiffe zu laden. Derweil warteten weitere hundert Schiffe ringsum auf ihren Einsatz.

1863 erhob Spanien Anspruch auf die wertvollen Inseln, als Ausgleich für die Schulden, die Peru während des Unabhängigkeitskriegs angesammelt hatte. Daraufhin erklärte Peru, unterstützt von Chile, Spanien den Krieg. In den folgenden Seeschlachten wurde Spanien bezwungen und Lateinamerikas Unabhängigkeit von Spanien besiegelt. Der Guano-Boom jedoch ging zu Ende, und Peru stand vor dem finanziellen Ruin. 1877 war auf den Chinchas nur noch der nackte Fels zu sehen. Elf Millionen Tonnen Guano waren exportiert worden, Landwirte waren von dem Dünger abhängig geworden, und der Wettlauf nach einer neuen Stickstoffquelle begann von vorn.

8

O

Sauerstoff
Der Einzelgänger

Sauerstoff ist ein Radikaler, ein Einzelgänger, ein Rebell, der jede Gelegenheit nutzt, um Chaos zu verbreiten. Der Überschwang des Elements schenkt uns Leben, aber das hat seinen Preis. Sauerstoff als Energiequelle zu nutzen, bedeutet auch eine hohe Investition in Überwachungsmaßnahmen und Schadensbegrenzung.

Das achte Element im Periodensystem kann nichts für seine ungestüme Natur, sie liegt in seiner Beschaffenheit begründet. Jedes Sauerstoffatom hat sechs frei verfügbare Elektronen, die sich mit denen anderer Atome verbinden können. Wenn sich zwei Sauerstoffatome zusammentun und ihre Elektronen teilen, entsteht ein stabiles Molekül: O_2. In dieser Form kommt das Element auf der Erde am häufigsten vor: als farbloses, geschmackloses Gas, das etwas mehr als 20 Prozent der Luft ausmacht, die wir atmen. Aber die Art, wie sich die beiden Atome zu diesem Molekül verbinden, ist sehr ungewöhnlich. Die zwölf Elektronen, die die beiden Sauerstoffatome umgeben, sind so gepaart und aufgeteilt, dass jeweils ein einzelnes Elektron auf jedem Atom zurückbleibt.

Moleküle mit ungepaarten Elektronen heißen Radikale, und das aus gutem Grund. Wenngleich sich der Name ursprünglich vom Lateinischen *radix* (dt. Wurzel) herleitet, haben Veränderungen in der ursprünglichen chemischen Theorie dazu geführt, dass Radikale heute mit der moderneren Definition des Wortes assoziiert werden: Instabilität oder Extreme. Elektronen hassen es, allein zu sein. Daher verlassen sie ihre Bahn, um einen Partner zu finden, den

Sauerstoff

Sauerstoffgruppe

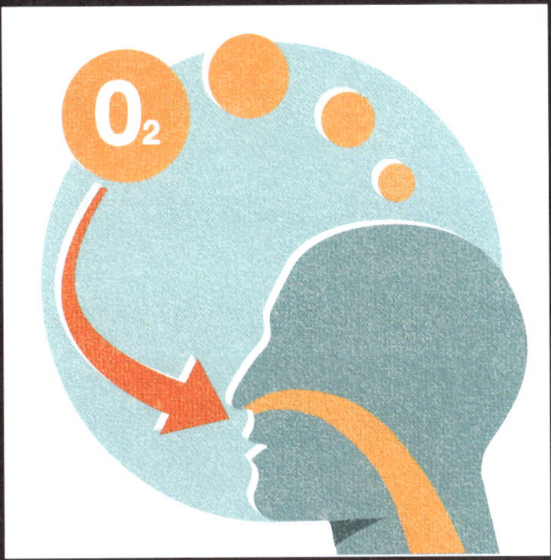

Schmelzpunkt

−219 °C

Siedepunkt

−183 °C

Gruppe	Periode
16	**2**

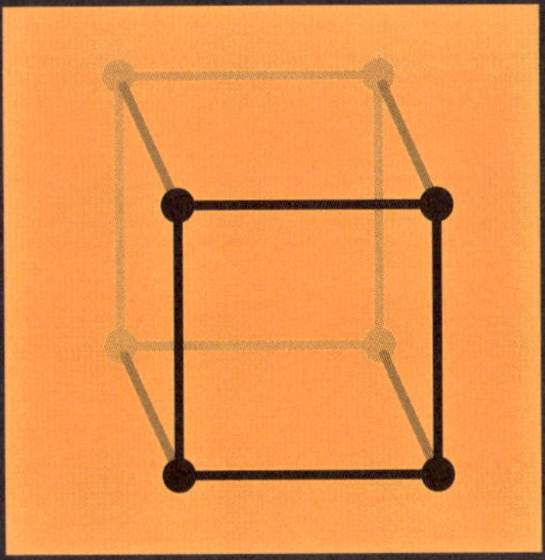

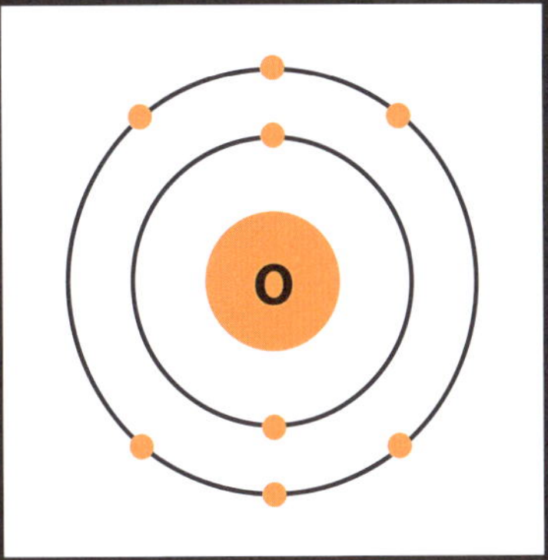

sie zur Not sogar von anderen Molekülen kidnappen. Manche Radikale sind stabiler als andere. Einige reagieren mit dem erstbesten Ding, das ihnen begegnet, andere sind wählerischer bei der Entscheidung, welchen Molekülen sie Elektronen wegnehmen. Moleküle mit zwei ungepaarten Elektronen heißen Diradikale und sind für gewöhnlich so reaktiv, dass sie nicht isoliert werden können. O_2 ist jedoch ein relativ stabiler Diradikal. Das bedeutet, dass wir in der Erdatmosphäre von ihm umgeben werden können, ohne dass es zu spontanen Verbrennungen kommt. Gleichwohl ist diradikaler Sauerstoff reaktiv genug, um sich mit der Nahrung, die wir aufgenommen haben, zu verbinden und uns so Energie zu geben. Und reaktiv genug, um Farbstoffe und Pigmente verblassen und Metalle rosten zu lassen.

Dass ein so reaktives Element in unserer Atmosphäre so reichlich vorkommt, liegt einzig und allein an der Photosynthese. Wenn nicht Pflanzen, Bakterien und Algen ständig die Vorräte auffüllen würden, damit wir atmen können, hätte der ganze Sauerstoff in der Atmosphäre vor langer Zeit mit Elementen in der Erde reagiert, und das Leben auf diesem Planeten hätte sich völlig anders entwickelt.

Tiere und Pflanzen sind beim Atmen auf die Reaktion zwischen Sauerstoff und Glukose angewiesen, damit sie leicht und reichlich Energie freisetzen können. Allerdings kann man auch zu viel des Guten haben. Beim Atmen wird O_2 vorsichtig eingeschlossen, denn das Gas muss von Orten ferngehalten werden, an die es nicht gelangen sollte. Und für den Fall, dass die Dinge schieflaufen, müssen Notfallmaßnahmen vorhanden sein, um den Schaden zu begrenzen. Sauerstoff, der über die Lungen in den Körper aufgenommen wird, würde unbeschreiblichen Schaden anrichten, wenn er sich frei bewegen könnte. Daher wird er an bestimmte Orte geleitet, zu den Mitochondrien, wo eine komplizierte Abfolge chemischer Reaktionen, die von allerlei Enzymen kontrolliert werden, dafür sorgt, dass die chemische Energie des Sauerstoffs langsam, Schritt für Schritt freigesetzt wird.

Diese sorgfältige Überwachung von O_2 auf seinem Weg zu den Mitochondrien ist von wesentlicher Bedeutung. Die größte Gefahr liegt darin, dass eines der ungepaarten Elektronen des O_2-Moleküls einen Partner findet. Wenn Sauerstoff ein freies Elektron aufnimmt, wird es zu einem Superoxid, also Sauerstoff mit Superkräften. Und wie jeder Comic-Leser weiß, gehen große Kräfte mit großer Verantwortung einher.

Wenn ein Superoxid mit Wasser reagiert, kann es eine ganze Reihe reaktiver Sauerstoffspezies (ROS) erzeugen. Einerseits sind ROS lebenswichtig;

der Körper braucht sie für sehr spezielle Aufgaben, etwa für die Signalübertragung zwischen den Zellen und um den Körper im Gleichgewicht zu halten. Sie können auch in großer Zahl vom Immunsystem produziert werden, um eindringende Mikroorganismen zu zerstören. Andererseits müssen sich Lebewesen, die auf Sauerstoff angewiesen sind, auch vor ihrem eigenen Produkt schützen. Mit Kontrollen und ausgleichenden Maßnahmen muss das Immunsystem vor einer Überreaktion bewahrt werden. Superoxide, die zum Zerstören von Bakterien genutzt werden, dürfen nichts zerstören, was der Körper braucht. Daher müssen Enzyme gebildet werden, die im Körper nach dem Rechten sehen und außer Kontrolle geratene ROS zerstören. Andernfalls könnten diese hochreaktiven Verbindungen Fette, Proteine, Zellmembrane oder DNA beschädigen. Strukturen müssen überprüft und Schäden ausgebessert werden. Sich auf ein so reaktives Molekül als Energielieferant zu verlassen, kann ein zweischneidiges Schwert sein.

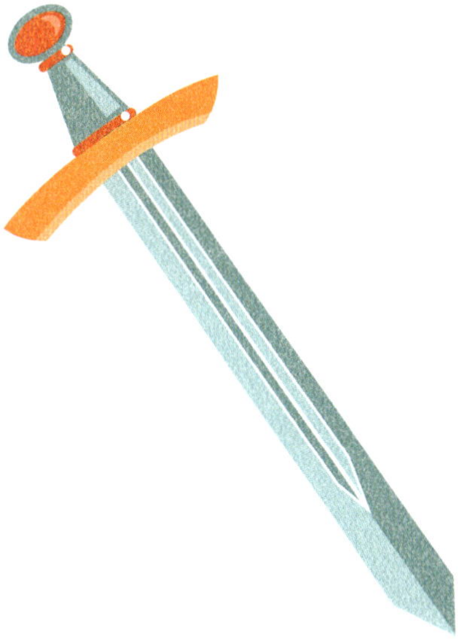

9

F

Fluor

Der große Zerstörer

Fluor ist ein wahrhaft furchteinflößendes Element. Wie der Superbösewicht in einem Comic scheint es wild entschlossen, alles zu zerstören, was ihm in die Quere kommt. Dieser Bösewicht ist so gefährlich, dass er, sollte er endlich geschnappt werden, in einem speziellen Gefängnis verwahrt werden muss, das seinen zerstörerischen Superkräften standhält.

Wie viele Superböse wird auch Fluor in seinem brutalen Verhalten von Gier angetrieben. Glücklicherweise strebt dieses Element nicht nach der Weltherrschaft oder der Vernichtung der gesamten Menschheit. Alles, was Fluor begehrt, sind Elektronen, genauer gesagt, ein Extra-Elektron pro Atom, mit dem es seine äußerste Schale vervollständigen will. Die Wut, mit der es sich seinen Weg bahnt, kann spektakuläre Formen annehmen. Dieses unvernünftige Verhalten mag angesichts des winzigen Anliegens unverhältnismäßig wirken, aber meistens ist es ratsam, nicht mit diesem Element zu streiten.

Alle Chemie wird angetrieben vom Wunsch der Atome, ihre äußerste Schale mit einem kompletten Satz oder zumindest einer ordentlich angeordneten Gruppe von Elektronen zu besetzen. Fluoratome haben bereits sieben Elektronen. Zu einem kompletten Achtersatz fehlt also nur noch eines. Alle Elemente der Fluorfamilie, die als Halogene bekannt sind, haben dasselbe Problem, aber keines von ihnen legt bei der Suche nach einem zusätzlichen Elektron ein so aggressives und zerstörerisches Verhalten an den Tag wie Fluor. Das hat vor allem mit der Größe dieses Elements zu tun.

Fluor

Halogene

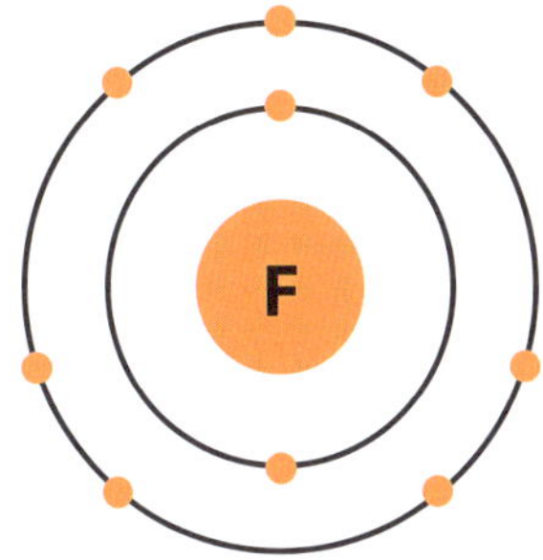

Schmelzpunkt

–220 °C

Siedepunkt

–188 °C

Gruppe	Periode
17	**2**

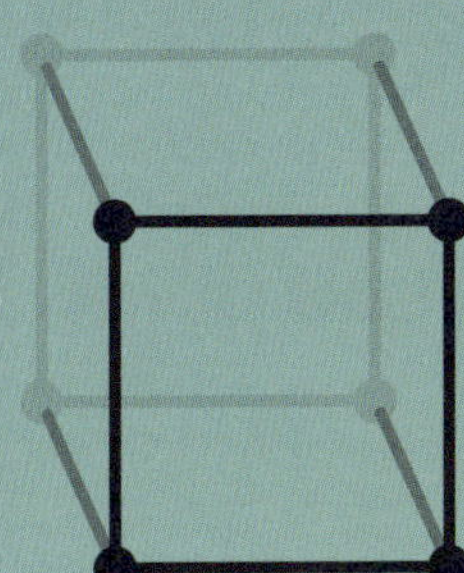

Fluoratome sind sehr klein, jedenfalls im Vergleich mit den Atomen anderer Halogene. Die äußere Schale negativer Elektronen liegt daher relativ dicht am positiv geladenen Kern des Fluoratoms. Diese Nähe zur positiven Ladung hilft, ein zusätzliches negatives Elektron in die äußere Schale zu ziehen und dort festzuhalten.

Wenn keine freien Elektronen verfügbar sind, reagieren Fluoratome als vorübergehende Maßnahme mit anderen Fluoratomen. Zwei Fluoratome teilen dann jeweils ein Elektron miteinander und können sich vorgaukeln, jeweils einen vollen Satz zu haben. Da sie wie eineiige Zwillinge sind, also keines der Fluoratome eine stärkere oder schwächere Anziehungskraft hat als das andere, ist die komplette Übernahme eines Elektrons unmöglich. Gegen dieses habgierigste, diebische Element des Periodensystems können sich die wenigsten verteidigen. Sind andere Elemente in der Nähe, trennt sich das Fluoratom schnell von seinem Zwilling und verfolgt einfacher erhältliche Elektronen. Fluor ist daher sehr, sehr reaktiv und kommt in der Natur nie in seiner reinen Form vor.

Im 19. Jahrhundert mutmaßten Wissenschaftler, dass manche Mineralien ein zuvor unentdecktes Element enthalten könnten. Zudem gab es eine passende Lücke in der Familie der Halogene. Fluor wurde zu einem Kandidaten für die freie Stelle. Des Weiteren vermutete man, dass das fehlende Element sehr reaktiv sein müsse. Diejenigen, die versuchten, reines Fluor aufzuspüren, erfuhren schon bald, wie reaktiv es war: Haut, Glas und die meisten Metalle werden von dem Element zerfressen, wenn es nach Elektronen sucht – die Mauern eines Gefängnisses, das zum Verwahren von reinem Fluor erbaut würde, müssten aus Elementen bestehen, die seinen zersetzenden Kräften standhalten können. So erklärt sich, dass Fluor, trotz vieler mutiger Versuche, seiner Gefangennahme jahrzehntelang entgehen konnte. Obwohl Forschende des 19. Jahrhunderts alle Vorsichtsmaßnahmen ergriffen, die ihnen notwendig erschienen, wurden doch viele vom beängstigenden Verhalten des Fluors überrascht. Mehrere von ihnen wurden durch Fluorexplosionen zum Pflegefall oder erblindeten. Andere kamen ums Leben.

Erst am 26. Juni 1886, 74 Jahre nach den ersten verheerenden Versuchen, gelang es dem französischen Chemiker Henri Moissan, das Element zu isolieren. Moissan hatte eine spezielle Apparatur aus Platin mit Fluoritfenstern gebaut, um reines, blassgelbes Fluorgas zu beobachten. Heute vermeiden es die meisten Menschen, wenn möglich, mit reinem Fluor zu arbeiten, und niemand versucht, es für welchen Zeitraum auch immer zu speichern. Wenn eine chemische Reaktion den Einsatz von Fluorgas zwingend erfordert, wird es vor Ort hergestellt und sofort weiterverarbeitet.

Hat Fluor erst einmal, was es will, wird es zum Glück viel zufriedener. Fluoratome, die ihre äußere Elektronenhülle durch Stehlen oder Teilen mit einem anderen Element vervollständigt haben, können plötzlich sehr kooperativ werden. Fluorid, ein Fluoratom, das ein zusätzliches Elektron ganz für sich allein hat, ist so ungefährlich, dass man es sich auf die Zähne schmieren kann, um den Zahnschmelz zu stärken. Wenn Fluor und Kohlenstoff sich Elektronen teilen, entstehen Verbindungen, die so stabil sind, dass sie als Antihaftbeschichtung für Pfannen oder als Narkosemittel im OP genutzt werden können.

10

Ne

Neon
Das helle Licht

Elemente wurden auf viele verschiedene, mehr oder weniger spektakuläre Arten entdeckt. Manche zuvor unbekannte Elemente offenbarten sich selbst durch ein bestimmtes Merkmal, zum Beispiel eine ungewöhnlich schwere Metallmasse oder eine unerwartete Reaktion in einem Versuchsröhrchen. Die Entdeckung von Neon, eines seltenen, unreaktiven Gases, das bis 1898 komplett unbemerkt geblieben war, ging mit einer spektakulären Schau einher.

Manche Elemente wurden durch Zufall entdeckt, viele andere hingegen ganz gezielt aufgespürt. Im späten 19. Jahrhundert nutzten Wissenschaftler das einzigartige Lichtmuster, das beim Erwärmen von Elementen entsteht, um ein Element zu identifizieren und neue ausfindig zu machen. Eine Materialprobe, ein Spektroskop und ein Verzeichnis von Vergleichsspektren waren alles, was sie dazu brauchten. Ein winziger Lichtstreifen, der in keinem Spektrum eines anderen bekannten Elements auftauchte, genügte, um den Jagdinstinkt des Elementsuchers zu wecken.

1895 trennten Sir William Ramsay und Morris W. Travers vorsichtig die Bestandteile gewöhnlicher Luft. Jeder Bestandteil, ob Element oder chemische Verbindung, hat einen eigenen Schmelz- und Siedepunkt. Nachdem sie die Luft zu Flüssigkeiten und Festkörpern kondensiert hatten, erhöhten sie langsam die Temperatur, um jede Komponente einzeln zum Sieden zu bringen. Jedes Mal, wenn sie glaubten, ein einzelnes Gas isoliert zu haben, schickten

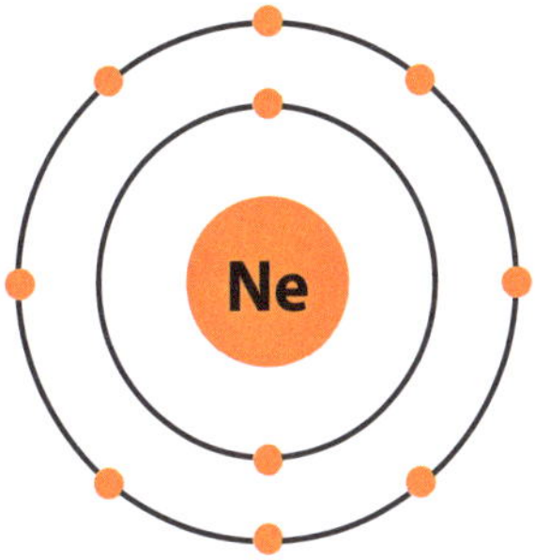

Schmelzpunkt

–249 °C

Siedepunkt

–246 °C

Gruppe	Periode
18	**2**

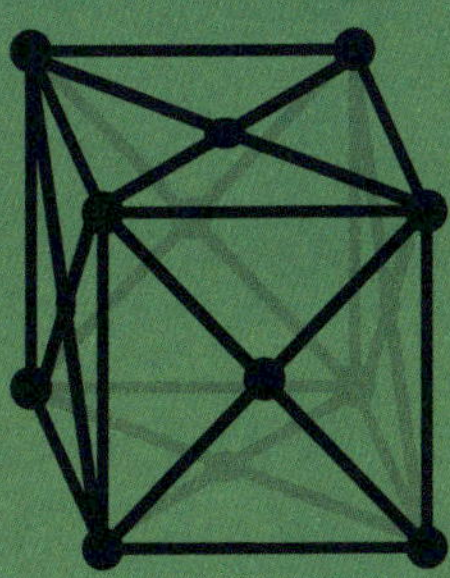

Neon

Edelgas

die Wissenschaftler Strom hindurch und beobachteten das entstehende Licht durch ihr Spektroskop auf der Suche nach neuen Farbstreifen.

Die mühsame Arbeit zahlte sich aus. Ramsay und Travers isolierten nicht nur ein Element, sondern entdeckten eine ganze Familie: die Edelgase. Zuerst Argon (dt. „faul"), dann Krypton (dt. „versteckt"). Nachdem sie stundenlang wieder und wieder riesige Mengen Gas veredelt hatten, isolierten Ramsay und Travers immer kleinere Bestandteile gewöhnlicher Luft. Auch das Gas, das am Ende übrigblieb und nur einen knappen Fingerhut füllte, setzten sie erwartungsvoll unter Strom. Dieses Mal mussten sie ihr Spektroskop gar nicht zur Hilfe nehmen: Das Röhrchen leuchtete hellrot; Ramsay und Travers waren kurzzeitig von dem hellen Licht wie geblendet. Dieses Gas leuchtete wie kein anderes. Sie beschlossen, das Element Neon zu nennen, nach dem griechischen *neos* (dt. neu), ein Name, dem es alle Ehre machte.

Bei Neon sind, wie bei den anderen Edelgasen auch, die Elektronen perfekt um den Atomkern angeordnet. Das Element hat daher kein Interesse, Elektronen mit anderen Atomen zu tauschen oder zu teilen, um chemische Verbindungen zu bilden. Es kommt vor, dass Neon, wie sein Schwesterelement Helium, in seiner gesamten Existenz keine einzige Verbindung eingeht. Elektronen von einem Neonatom zu lösen, erfordert mehr Energie, als eine chemische Verbindung aufbringen kann. Aber es gibt mehr als eine Möglichkeit, ein Neonatom zu isolieren.

Durch Reduzieren des Drucks und Hinzugabe mehrerer tausend Volt Elektrizität kann man Neon überreden, sich von einigen Elektronen zu trennen. Nachdem die negativ geladenen Elektronen weggerissen wurden, bleiben positiv geladene Neonatome zurück. Die negativen Elektronen werden von den positiven Neonatomen angezogen, kehren an ihren ursprünglichen Platz zurück und setzen dabei die Energie frei, die nötig war, um sie voneinander zu lösen. Solange die hohe Spannung angewandt wird, werden wieder und wieder Elektronen weggerissen und erneut mit dem Mutteratom vereint. Das Ergebnis ist das leuchtend rote Licht, das Ramsay und Travers erstmals in ihrem Labor beobachteten.

Die von positiv geladenen, in einem Meer negativ geladener Elektronen treibenden Neonatomen erzeugte Substanz entsprach keinem herkömmlichen Zustand von Materie: Sie war weder fest noch flüssig noch gasförmig. Den Wissenschaftler Irving Langmuir erinnerte sie an die spezielle Flüssigkeit, in der rote und weiße Blutkörperchen durch den Körper flossen. Daher nannte er den neuen Zustand von Materie 1928 „Plasma". Dieser neue Materiezustand ermöglichte verschiedene technologische Fortschritte, angefangen bei fluoreszierenden Lampen bis zu Flachbildschirmen.

In weiten Teilen des 20. Jahrhunderts galt das rote Leuchten des Neons als Symbol für Modernität. Die Glasröhrchen, die das Gas enthielten, konnten zu ungewöhnlichen Formen verbogen werden. Das Neonlicht hatte eine leuchtende Farbe und war so hell, dass man es sowohl in der gleißenden Sonne Kaliforniens als auch im dichten Londoner Smog sehen konnte. Und es war im Nullkommanichts verfügbar, perfekt für die Werbung.

Die erste Neonreklame leuchtete 1913 auf den Champs-Élysées. Zehn Jahre später fanden Neonreklamen auch in den Vereinigten Staaten Verbreitung. Bald waren sie überall zu sehen, ein Sinnbild der grellen Dekadenz und des fröhlichen Optimismus jener Zeit. Und gerade als die Mode der Neonreklame abklang, fand Neon eine neue Anwendung: 1960 leuchtete der erste sichtbare Laser in einem kräftigen geraden Strahl, der bis zum Mond zu reichen schien. Verantwortlich für das rote Leuchten des Lasers war Neon.

11

Na

Natrium
Der stille Partner

Natrium ist das solide, verlässliche Arbeitspferd des Periodensystems. Es scheint überall in unserem Leben vorzukommen, angefangen bei den Nerven bis zum Atomreaktor. Seine Alltäglichkeit mag langweilig wirken, aber es sollte dafür gefeiert werden, dass es so viele Rollen übernehmen kann und diese so gut und so unaufgeregt ausfüllt. Die spezielle Gabe von Natrium liegt darin, nahezu omnipräsent zu sein, dabei aber unaufdringlich zu bleiben. Es vereinfacht viele wichtige Vorgänge, stellt sich aber selten in den Mittelpunkt – so wie der Stichwortgeber in einem Komikerduo, der für den Witz unverzichtbar ist, aber selten die Pointe liefert.

Natrium arbeitet begeistert mit anderen Elementen zusammen, und genau darin liegt seine Stärke. Nehmen wir als Beispiel das Kuchenbacken: Das Backpulver oder Natriumbikarbonat sorgt dafür, dass der Kuchen aufgeht. Der Karbonatanteil des Moleküls setzt während des Backens kleine Gasbläschen frei. Die Aufgabe des Natriums besteht nur darin, die Bläschen erzeugende Komponente in die Mischung mit hineinzubringen. Alles hängt damit zusammen, dass Natrium Salze produziert, und nicht nur solche, wie man sie auf Pommes streut.

Natriumatome wollen unbedingt das einzelne Elektron in ihrer äußeren Schale loswerden, denn dann bleibt eine ordentliche, vollständige Elektronenschale zurück. Hat Natrium ein negatives Elektron weniger, wird es zu positiv geladenem Na^+. Das Elektron, das es abgeworfen hat, bleibt nicht sich selbst

Natrium

Alkalimetall

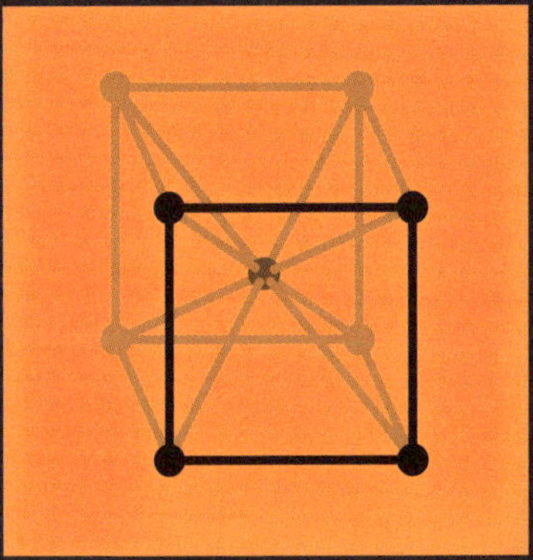

Schmelzpunkt

98 °C

Siedepunkt

883 °C

Gruppe	Periode
1	**3**

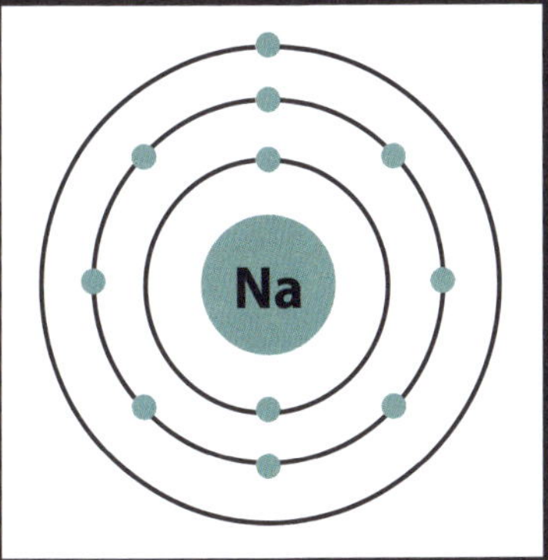

überlassen. Es gibt immer reichlich andere Elemente, die ein freies Elektron bereitwillig aufnehmen, um Lücken in ihrer eigenen äußeren Schale zu stopfen. Ein solches Element ist Chlor; mit dem unerwünschten Natriumelektron bildet es Chlorid, Cl^- . Die Anziehung zwischen dem positiven Na^+ und dem negativen Cl^- hält die Atome in Kristallen zusammen wie abwechselnd angeordnete Backsteine in einem großen, regelmäßig dreidimensionalen Block. Natriumchlorid ist gewöhnliches Tafel-, Stein- oder Meersalz.

Verwirrenderweise bezieht sich das Wort Salz auch auf jedwedes Molekül mit eindeutig negativer und positiver Komponente. Salze, insbesondere Natriumsalze, besitzen Eigenschaften, die sie für unser alltägliches Leben extrem nützlich machen. Da es sich um Festkörper handelt, kann man sie gut lagern, und da sie sich im Wasser lösen, können sich die positiven und negativen Teile gut verteilen. Wenn wir gesalzenes Essen verzehrt haben, werden Na^+ und Cl^- in unserem wasserreichen Körper getrennt und jedes kann seines Weges gehen und eigenen Aufgaben nachgehen. Der Natriumteil geht gleich eine neue Partnerschaft ein, dieses Mal mit Kalium – dieses wichtige Doppelgespann hält uns am Leben.

Natrium und Kalium gehören zur selben Periodenfamilie: den Alkalimetallen. Sie ähneln einander, aber was zählt, sind die Unterschiede zwischen ihnen. Ihr koordinierter Tanz in und außerhalb der Nervenzellen erzeugt den elektrischen Impuls, der Signale durch den Körper schickt, um uns im Gleichgewicht zu halten.

Die Membran, die alle Nervenzellen umschließt, enthält Kanäle, durch die spezifische Elemente und Moleküle hinein und hinaus gelangen können; es gibt Kaliumkanäle für Kalium und Natriumkanäle für Natrium. Die kleinen Unterschiede zwischen den beiden hindern die Elemente daran, sich durch den falschen Kanal zu schleichen. Während Kalium in die Zelle hinein treibt, wird Natrium herausgedrückt, dann schließen sich die Tore. Durch diese chemische Trennung wird das Zellinnere leicht negativ und das Zelläußere leicht positiv, wie das Plus und das Minus einer Batterie.

Wenn sich die Tore öffnen, drängt Natrium in die Zelle, während Kalium daraus entweicht. Dadurch entsteht der elektrische Impuls, der ähnlich einer La-Ola-Welle durch die ganze Länge der Nervenzelle läuft. Wenn wir nicht genug Natrium mit unserer Nahrung aufnehmen, geraten die Dinge schnell ins Ungleichgewicht. Um sicherzustellen, dass wir genug Natrium bekommen, bringt uns unser Gehirn trickreich dazu, gut gewürztes Essen zu uns zu nehmen.

Obwohl Natriumsalze zu unserem Alltag gehören, ist Natrium als reines Element nicht annähernd so gut bekannt. Das liegt daran, dass es bis 1807 nie allein gesehen wurde. Da Natrium stets nach Partnerschaften sucht, hat es seine Solokarriere nie richtig auf den Weg bringen können und ist meistens nur das Vorprogramm für andere, auffälligere Elemente. In Kernreaktoren zum Beispiel werden radioaktive Elemente aufgespalten, um riesige Mengen Wärme freizusetzen. Reines Natrium spielt die Rolle des Vermittlers zwischen dem Reaktorkern und dem kochenden Wasser, das die Generatoren antreibt, die Elektrizität erzeugen. Durch sein leichtes Gewicht, seinen niedrigen Schmelzpunkt und seine Fähigkeit, Wärme zu leiten, ist es für die Aufgabe gut geeignet, hält sich aber wie üblich im Hintergrund, um wichtige Dinge unbemerkt auszuführen. Natrium zeigt, dass es in Ordnung ist, gewöhnlich zu sein. Das Gewöhnliche sorgt dafür, dass die Erde sich weiterdreht.

12

Mg

Magnesium
Der mit dem grünen Daumen

Am Anfang war die Erde ein unfruchtbarer, lebensfeindlicher Ort. Den Wandel von felsiger Ödnis hin zu der sattgrünen Welt, in der wir heute leben, verdankt sie dem Chlorophyll. Dieses Magnesium-zentrierte Molekül hat die Metamorphose unseres Planeten ermöglicht. Magnesium war die Hebamme, die der Vielfalt des Lebendigen, die wir um uns herum sehen können, auf die Welt geholfen hat.

Alle lebendigen Organismen benötigen Energie, und zwar in einer Form, die geeignet ist, alle nötigen chemischen Reaktionen durchzuführen, die Leben ermöglichen. Ein einzelliger Organismus kommt mit sehr mageren Rationen aus. Eine ganze Menge exotischer Verbindungen und Elemente können so manipuliert werden, dass sie Energiereste freisetzen. Aber wenn man interessantere Gesellschaft haben will als Bakterien oder Algen, braucht man Sauerstoff und eine verlässliche Sauerstoffzufuhr.

Sauerstoff reagiert leicht mit anderen Elementen und setzt dabei viel Energie frei. Hat er einmal reagiert, sind seine Kräfte verbraucht. Damit er erneut reagieren kann, muss Sauerstoff von seinen chemischen Partnern weggezogen werden. Als auf diesem Planeten erstmals Leben auftauchte, war sämtlicher Sauerstoff bereits in chemischen Verbindungen eingeschlossen. Er hatte getan, was er am besten kann und mit den Metallen, dem Kohlenstoff und

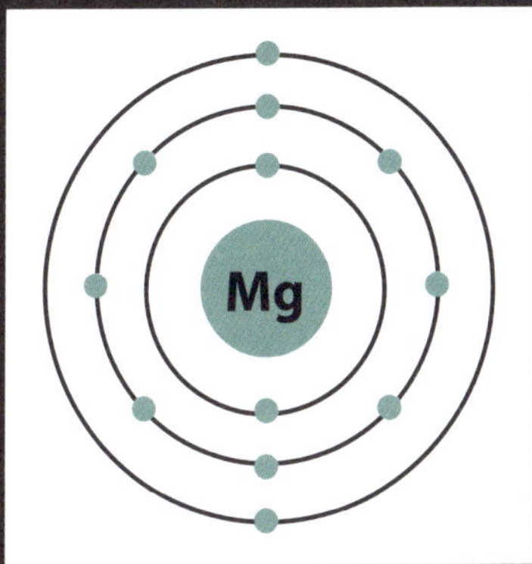

Schmelzpunkt

650 °C

Siedepunkt

1090 °C

Gruppe	Periode
2	**3**

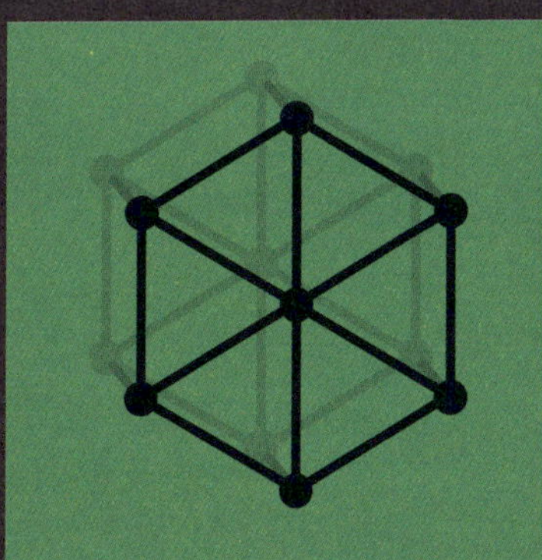

Magnesium

Erdalkalimetall

dem Gestein reagiert, aus denen die Erde selbst gebildet ist. Im Wasser war reichlich Sauerstoff vorhanden, aber die frühen Organismen hatten nicht die Mittel, ihn da loszueisen.

Dann produzierte ein einzelliger Organismus an einem bestimmten Punkt der Evolution eine leuchtend grüne Verbindung, die das Leben auf der Erde veränderte. Chlorophyll ermöglichte Pflanzen, Algen und einigen Bakterien, Energie aus der Sonne für chemische Reaktionen nutzbar zu machen. Es war nicht die erste Verbindung, die das tat, aber die effizienteste. Und was noch wichtiger ist: Anders als andere Lichtsammelvorgänge konnte diese Verbindung Wasser aufspalten und Sauerstoff freisetzen.

Chlorophyll ist ein ausgeklügeltes Arrangement aus Kohlenstoff, Wasserstoff, Stickstoff und ein paar Sauerstoffatomen. Aber es wäre ein recht fades Molekül, hätte es nicht ein einzelnes Magnesiumatom in der Mitte. Die Evolution hat es auch mit anderen Metallen versucht, aber ein Magnesium-basiertes Chlorophyllsystem hat sich als das wirksamste erwiesen.

Das Chlorophyllmolekül funktioniert wie ein Sonnenkollektor: Es sammelt Lichtenergie und leitet diese in die chemischen Reaktionen der Photosynthese. Um sichtbares Licht zu absorbieren, braucht es ein intensiv gefärbtes Molekül. Die grüne Farbe, die produziert wird, wenn Magnesium innerhalb eines Chlorophyllmoleküls an seinen Platz gleitet, ist ideal. Sie kann rotes und blaues Licht sehr stark absorbieren – ein Kompromiss zwischen dem Nutzbarmachen der meisten Energie und dem Sicherstellen einer verlässlichen Versorgung. Mehr grünes Licht zu absorbieren, würde einen noch höheren Energiegewinn bedeuten, aber der Prozess würde auch mehr durch hinübergleitende Schatten gestört.

Nachdem Chlorophyll einmal hergestellt war, blickte das Leben auf der Erde nur noch nach vorn. Organismen, die mit dem hochreaktiven Sauerstoff, der sie plötzlich umgab, zurechtkamen, gediehen. Chlorophyll ebnete den Weg von Einzellern zu allen anderen Lebensformen.

Millionen Jahre und Milliarden winziger Evolutionsschritte waren nötig, um dort hinzugelangen, wo wir heute sind. Der Sauerstoffgehalt, den wir heute kennen, wurde nicht an einem einzigen Tag aufgebaut. Das Leben ist ein fortwährender Kreislauf, bei dem Sauerstoff eingeschlossen und durch die Photosynthese wieder freigesetzt wird.

Die Evolution hat nur das Band gefestigt, das uns an das Chlorophyll bindet. Wir Menschen sind von diesem Molekül komplett abhängig. Wir brauchen den Sauerstoff, den es liefert, aber auch das Magnesium, das es enthält. Im Innern unserer Körper sorgt Magnesium für ein stabiles Knochengerüst; es hilft, Proteine herzustellen und unsere DNA zu vervielfältigen, und ist in viele andere Prozesse involviert. All unser Magnesium kommt aus dem Chlorophyll in den Pflanzen, die wir essen, und jenen, die die Tiere gefressen haben, von denen wir uns ernähren.

Wir mögen uns dessen nicht bewusst sein, aber evolutionsbedingt wissen wir das Chlorophyll zu schätzen. Unsere Augen sind so eingestellt, dass sie das grüne Erscheinungsbild unserer Umgebung verstärken. Wir bemerken auch, wenn das Grün weg ist. Am Ende des Sommers, wenn die Tage kürzer werden, ist weniger Licht für die Photosynthese verfügbar. Viele Baumarten bauen ihr Chlorophyll dann ab und lagern die Teile für den Winter ein. Das Magnesium wird von seinem Platz im Zentrum des Moleküls entfernt, und die grüne Farbe verschwindet. Menschen legen weite Wege zurück, um zu bestaunen, was übrigbleibt. Dadurch, dass das Laub sein Grün verliert, werden andere Pigmente sichtbar, die dem Chlorophyll den ganzen Sommer über geholfen haben, das beste Licht zu absorbieren. Nimmt man das Magnesium weg, bleiben die Gelb-, Rot- und Orangetöne des Herbstes zurück.

13

Al

Aluminium
Das Leichtgewicht

Die Gäste, die am Tisch des Kaisers Platz nahmen, müssen leicht irritiert gewesen sein. Statt der goldenen Messer und Gabeln – übliche Zeichen von Reichtum und Macht – lag dort Besteck, das wie schlecht poliertes Silber ausgesehen haben muss. Es hatte nicht die beruhigende Schwere und Festigkeit von Gold, auch nicht von Silber. Schlimmer noch: Es verlieh dem Essen einen eigenartigen Geschmack. Handelte es sich um eine Art raffinierten Scherz? Der Kaiser erzählte seinen Gästen stolz, sie könnten sich geehrt fühlen, solch seltsame Essenswerkzeuge benutzen zu dürfen, denn diese seien aus einem sehr seltenen Metall gefertigt, das kostbarer war als Gold. Und wenn der Kaiser das sagte, dann war es so.

Kaiser Napoleon III. von Frankreich ließ seine Tafel tatsächlich mit Aluminiumbesteck eindecken, um seine wichtigsten Gäste zu beeindrucken. Dahinter verbarg sich keine List. Mitte des 19. Jahrhunderts war Aluminium der letzte Schrei und tatsächlich wertvoller als Gold. Es für Gabeln und Löffel zu benutzen, zeugte von immensem Reichtum, auch wenn der Genuss dabei etwas kurz kam.

Alaun, vom Lateinischen *alumen* (dt. bitter) war seit Jahrtausenden bekannt und wurde benutzt, um Farbstoffe auf Textilien zu fixieren. Im 16. Jahrhundert kam der Verdacht auf, Alaun sei eine Art Salz, eine Verbindung aus einem Metall und einem Nichtmetall. Mitte des 18. Jahrhunderts versuchte man, Aluminium aus Alaun und ähnlichen Salzen zu isolieren. Das Problem war die

Aluminium

Borgruppe

Schmelzpunkt

660 °C

Siedepunkt

2519 °C

Gruppe	Periode
13	**3**

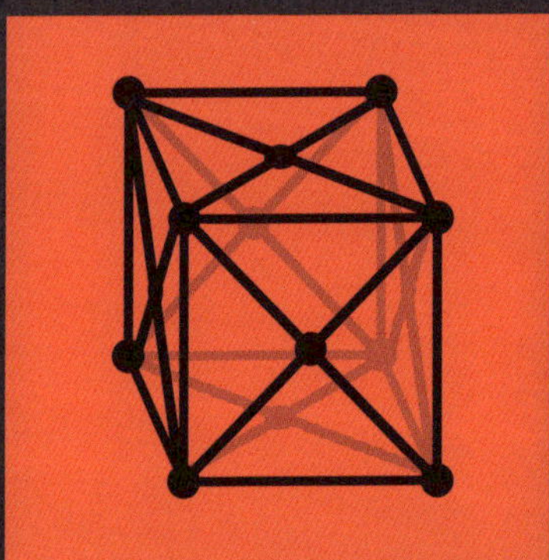

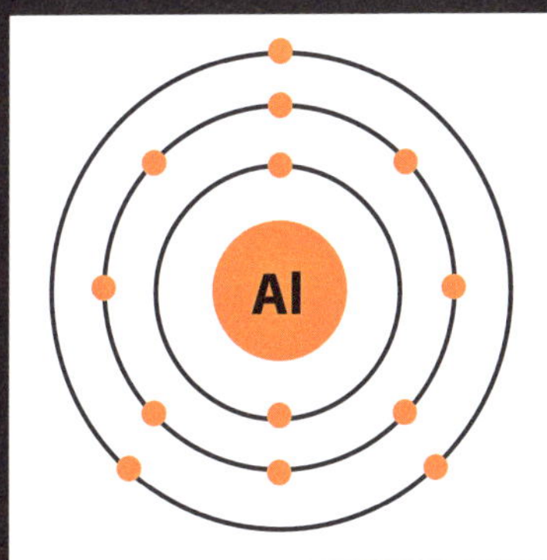

hohe Reaktivität von Aluminium. Es sträubte sich extrem dagegen, sich von seinen nichtmetallischen Partnern zu trennen.

Acht Jahre später hatten Hans Christian Ørsted und Friedrich Wöhler, die unabhängig voneinander arbeiteten, Erfolg. Ihre chemischen Methoden beruhten darauf, die Nichtmetallkomponenten des Salzes mit einem noch reaktiveren Metall wegzulocken, damit Aluminium allein zurückblieb. Doch diese Reaktionen waren nicht zuverlässig, und häufig blieb verunreinigtes Aluminium zurück. Zudem war es eine Herausforderung, noch reaktivere Metalle zu gewinnen. Kalium und Natrium waren zwar reaktiv genug, aber um reines Kalium oder Natrium zu erhalten, bedurfte es einer Elektrolyse, was damals ein ebenso kostspieliges wie ineffizientes Verfahren war. Die daraus resultierende Aluminiumknappheit machte das Metall zu einer unverschämt teuren Ware.

Die Reaktivität des Aluminiums hat Vor- und Nachteile. Seine besondere Affinität zu Sauerstoff führt dazu, dass Aluminiumoberflächen schnell oxidieren, aber anders als bei anderen Metallen, wo Reaktionen mit Sauerstoff zu Korrosion führen, bildet Aluminiumoxid eine schützende Schicht, die den Glanz des darunterliegenden Metalls bewahrt. Doch dieser Schutzmantel ist nicht perfekt. Die in vielen Früchten und Gemüsearten enthaltene Säure kann die Oxidschicht zersetzen, das darunterliegende Metall angreifen und den Geschmack des Essens beeinträchtigen. Mit Goldbesteck hätten Napoleons Gäste das Essen also ohne chemische Reaktion und mit optimalem Geschmack zum Munde führen können, aber es wäre einfach nicht so eindrucksvoll gewesen.

Der französische Kaiser war nicht der Einzige, der Aluminium so hochschätzte. Als in den Vereinigten Staaten das Monument zum Gedenken an den ersten Präsidenten entworfen wurde, beschloss man, es mit etwas zu krönen, das dem Reichtum und der Bedeutung des Landes Ausdruck verlieh. Die pyramidenförmige Spitze des Washington Monument erhielt daher eine 22 cm hohe und 2,7 Kilogramm schwere Aluminiumkappe.

Die Öffentlichkeit konnte diese Kappe im Rahmen einer besonderen Ausstellung bei Tiffany's bewundern. Als 1848 der Grundstein für das Monument gelegt wurde, war Aluminium sehr schwer zu bekommen und daher extrem teuer. Als das Monument allerdings 1888 für die Allgemeinheit geöffnet wurde, waren die Aluminiumpreise abgestürzt.

Grund dafür war die Industrialisierung. In den 1880er-Jahren wurden Verfahren entwickelt, mit denen Aluminiumerz raffiniert und das darin enthaltene Metall mithilfe von Elektrizität extrahiert werden konnte. Reines Aluminium ließ sich nun in großen Mengen herstellen. Dieses leichtgewichtige, aber feste Metall eignete sich perfekt für Flugzeuge, Eisenbahnen und Autos. Die beiden Weltkriege ließen die Nachfrage nach Aluminium explodieren. 1945 gab es die nötige Infrastruktur, um das Metall in großen Mengen herzustellen. Da der Krieg vorbei war, mussten allerdings neue, kommerziellere Anwendungsmöglichkeiten gefunden werden. Bald wurde Aluminium für alles Mögliche benutzt, von Spielzeug bis zu Pfannen.

In weniger als 100 Jahren war aus dem exklusiven Aluminium ein gewöhnliches Metall geworden. Nun konnte es sich jeder leisten, seinen Tisch wie ein Kaiser einzudecken, aber das tat niemand. Mit Messern zu essen, die nicht scharf blieben, und Löffeln, die den Geschmack verdarben, das konnte nur ein schlechter Scherz sein.

14

Si

Silizium
Die Zwitternatur

Wenn es ein Element gibt, das sich für Science-Fiction eignet, dann ist das Silizium. Dieses seltsame Zwitterwesen, zwischen organisch und künstlich, biologisch und elektronisch, besitzt Eigenschaften, die förmlich nach fantastischen Strukturen und seltsamen Verhaltensweisen schreien. Daher ist es nur zu verständlich, dass Science-Fiction-Autoren, die über ungewöhnliche Lebensformen nachdenken, es häufig erwähnen.

Siliziums Position innerhalb des Periodensystems sagt viel über seine widersprüchliche Natur aus. Es sitzt an der Verbindungsstelle zweier sehr verschiedener Klassen von Elementen: Auf der einen Seite stehen die Elemente, die wir mit der Fülle des organischen Lebens um uns herum in Verbindung bringen. Auf der anderen Seite finden sich einige der Elemente, die die Menschen manipuliert und in ihre eigene synthetische Welt der Technologie einbezogen haben. Silizium steht mit einem Fuß in beiden Lagern. Es erfüllt biologische Funktionen und ermöglicht die digitale Welt, die wir aufgebaut haben.

Da Silizium viel Ähnlichkeit mit seinem chemischen Zwilling Kohlenstoff hat, könnte man vermuten, dass es diesen bei den verblüffend vielen biologischen Aufgaben, die Kohlenstoff für gewöhnlich übernimmt, ideal ersetzen würde. Es kommt in unseren Körpern vor, insbesondere in unseren Haaren, Knochen und im Kollagen, aber ob es eine wesentliche Funktion erfüllt oder wie viel davon wir pro Tag optimalerweise aufnehmen sollten, lässt sich schwer feststellen. Silizium ist in unserer Welt so reichlich – viel reichlicher als

Silizium

Kohlenstoffgruppe

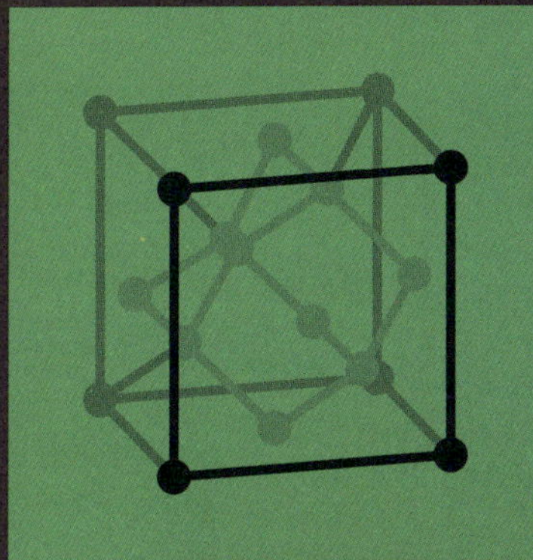

Schmelzpunkt

1414 °C

Siedepunkt

3265 °C

Gruppe	Periode
14	**3**

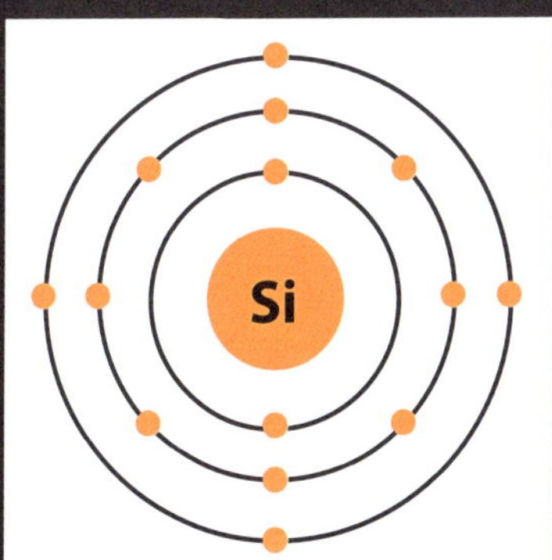

Kohlenstoff – vorhanden, dass es unmöglich ist, Siliziumdefizite in unserer Ernährung zu untersuchen. Das wirft auch die Frage auf, warum Silizium, wenn es doch so reichlich vorkommt und chemisch dem Kohlenstoff ähnelt, keine größere Rolle für unser biologisches Leben spielt.

Kohlenstoff hat gegenüber Silizium gewisse Vorteile. Es bildet eine irrsinnig große Bandbreite an Molekülen, die schier endlose Kombinationen und Anordnungen von Atomen enthalten, angefangen bei zwei bis hin zu tausend. Auch Silizium kann kleine und sehr große Moleküle ausbilden, die sicher einen biologischen Nutzen haben, aber sehr viel weniger variantenreich sind. Wenn Kohlenstoff die Grundlage für komplexe Molekülsinfonien ist, dann verfügt Silizium über ein Repertoire einfacher, auf dem Klavier improvisierter Melodien.

Ein weiterer wichtiger Faktor ist, wie leicht chemische Verbindungen aufgebrochen und wiederhergestellt werden können, damit Leben sich entwickeln und gedeihen kann. Bei Kohlenstoff rangiert die Stärke seiner chemischen Verbindungen in einem Bereich, der eine einfache Neuanordnung und Neuverteilung der Atome zwischen den vielen verschiedenen Molekülen ermöglicht. Aufgrund dieser Flexibilität können biologische Prozesse unter den gemäßigten Bedingungen, die auf diesem Planeten vorherrschen, ausgeführt werden. Wenn es darum geht, wie viel Energie durch Aufbrechen und Wiederherstellen von chemischen Verbindungen gespeichert und wieder freigesetzt wird, kann Silizium mit Kohlenstoff nicht wirklich mithalten. Silizium bildet schwache Verbindungen mit sich selbst und starke Verbindungen mit Sauerstoff. Das führt dazu, dass ein Großteil des Siliziums auf der Erde in Silikaten, oder Sand, gebunden ist.

Man könnte glauben, dass Silizium-basierte biologische Systeme ins Stocken geraten, wenn das Silizium in chemisch inertem, also nicht reaktivem Sand eingeschlossen ist. Doch das Gegenteil ist der Fall: Die Verbindungen, die Silizium mit Sauerstoff eingeht, sind einer der wenigen Bereiche, in denen es den chemischen Fähigkeiten von Kohlenstoff überlegen ist. Die Schönheit und Vielfalt von Silikatstrukturen reichen von gewöhnlichem Glas bis zu Granat und von Talkumpuder bis zu Topas. Silikate kommen reichlich vor, sind fest und vielseitig, und sie wurden von sehr exotisch aussehenden Wesen auf der Erde genutzt. Wer braucht Science-Fiction, wenn wissenschaftliche Wirklichkeit in der Unterwasserwelt Opale und Glasschwämme hervorzaubert?

Kieselalgen, eine Art Meeresalgen, absorbieren winzige Mengen der im Meerwasser gelösten Silikatsalze und nutzen sie zum Aufbau einer schützenden Opalschicht. Die komplexe Kristallstruktur von Kieselsäure und Wasser in diesen mikroskopisch kleinen Gehäusen ist dieselbe wie bei Opalen, die als Schmucksteine gelten. Deshalb reflektieren beide das Licht in einem schillernden Farbspektrum.

Dann gibt es da die Glasschwämme, die auf Riffen hunderte Meter unter der Wasseroberfläche wachsen. Diese eigenartigen Wesen haben keine Zellen wie wir und die meisten anderen Lebensformen auf der Erde. Ihr feines inneres Gerüst aus Kanälen und Poren ist aus Silikaten gebildet. Diese starren Unterwasser-Glaswolken können sich nicht bewegen. Sie lassen das Leben an sich vorbei und durch die winzigen Lücken in ihrer zarten Struktur hindurch schwimmen, um die Mikroorganismen herauszufiltern, von denen sie sich ernähren. Ein auf Silikaten basierendes Leben mag einfacher und langsamer sein, ist aber nicht weniger spektakulär als jedes andere, und es ist nicht die einzige Möglichkeit.

Wenn Silizium von Sauerstoff befreit wird, zeigt es die andere Seite seiner Zwitternatur. Reines Silizium hat gewisse Ähnlichkeit mit seinen Nachbarmetallen, insofern als es Elektrizität leiten kann, allerdings nur unter bestimmten Bedingungen. Das bedeutet, dass sich der Elektrizitätsfluss kontrollieren lässt; Entscheidungen können getroffen und Informationen übermittelt werden. Es könnte sogar eine andere Lebensform sein, nur eben anders als wir es kennen.

15

P

Phosphor
Der Schaurige

Viele Elemente haben ihre dunkle Seite. Die Liste derer, die für Morde oder Kriege eingesetzt wurden, ist lang, und Phosphor ist eines von ihnen. Was dieses Element aber von anderen abhebt, ist, dass es mit Geschichten von Alchemisten und Geistern in Verbindung gebracht wird. Phosphor ist nicht einfach nur dunkel; es ist regelrecht schaurig.

Alles begann mit Hennig Brand, einem Alchemisten des 17. Jahrhunderts, der in seinem Urin nach Gold suchte. Nachdem er seine persönlichen Ausscheidungen wochenlang gesammelt, erhitzt und gefiltert hatte, blickte er erwartungsvoll in einen Glaskolben, in der Hoffnung, an dessen Boden einen schwachen Goldschimmer zu erspähen. Stattdessen sah er einen weißen Festkörper, der grün leuchtete. Diese neue Substanz erhielt den Namen Phosphor (dt. „Lichtträger").

Während Brand sich wieder seinen Goldstudien zuwandte, forschten andere Wissenschaftler wie besessen an dem geheimnisvoll leuchtenden Phosphor. Es wurde auf Hände und Gesichter gestrichen, um die Besucher von wissenschaftlichen Salons das Gruseln zu lehren. Mit Phosphorstäbchen schrieb man Wörter auf ein Stück Papier. Schabte man über die Ecke eines Wortes, ging das Papier auf unerklärliche Weise in Flammen auf. Dieses eindrucksvolle Schauspiel lockte zahlreiche Neugierige zu den populären wissenschaftlichen Vorträgen, die im Europa der Aufklärung überall veranstaltet wurden.

Phosphor

Stickstoffgruppe

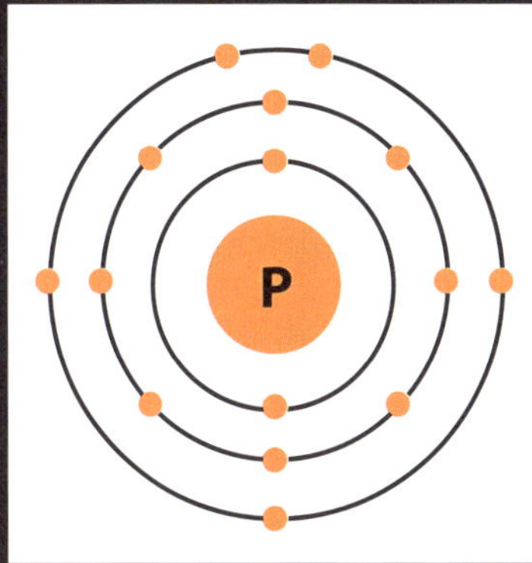

Schmelzpunkt

44 °C

Siedepunkt

281 °C

Gruppe	Periode
15	**3**

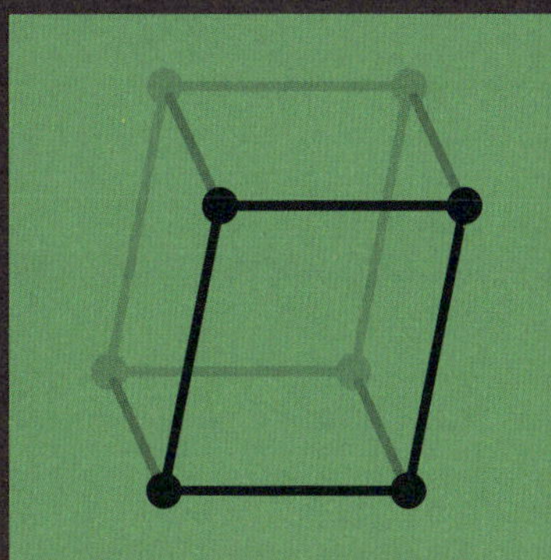

Die Menschen staunten über die seltsamen Eigenschaften von Phosphor, aber die Gründe für das geisterhafte Leuchten und die beängstigende Entflammbarkeit blieben ein Rätsel. Die Wahrheit kam erst Jahrhunderte später ans Licht und löste gleich mehrere andere Rätsel.

Wie viele Bösewichte aus Schauerromanen ist Phosphor vor allem von einer Sache besessen; in seinem Fall ist es Sauerstoff. Wenn auch nur die geringste Möglichkeit besteht, geht Phosphor mit Sauerstoffatomen sehr starke Verbindungen ein und setzt dabei reichlich Energie frei. Wird der Sauerstoff auf ruhige, maßvolle Weise zugeführt, wird diese Energie als grünliches Licht abgegeben, ohne Wärme zu erzeugen; der Vorgang heißt Chemolumineszenz. Doch bei der geringsten Provokation, etwa durch die Reibungswärme, die beim Schaben entsteht, greift sich Phosphor so viel Sauerstoff wie es kann und produziert große Hitze, helle Flammen und erstickenden weißen Rauch.

Seit seiner Entdeckung durch Brand wusste man, dass Phosphor in unseren Körpern enthalten ist. Aber wie war es möglich, dass wir mit einem so temperamentvollen Element in uns drin überlebten? Vor allem angesichts der Sauerstoffmenge, die wir mit jedem Atemzug in uns aufnehmen. Die Antwort lautet: Wenn Phosphor so viel Sauerstoff bekommen hat, wie er will, wird er zu einem stabilen, zufriedenen Phosphat. Diese unschätzbar wertvolle Struktureinheit findet sich in allen Lebewesen. Sie bildet das Rückgrat der DNA und ist in grundlegende Prozesse innerhalb fast aller Zellen in jedem Lebewesen involviert.

Alles, was ein Tier an ehemals lebendigen Dingen zu sich nimmt, sei es tierischen oder pflanzlichen Ursprungs, führt seinem System mehr Phosphat zu. Wenn es zu viel davon aufnimmt, muss das überschüssige Phosphat abgegeben werden. Dann schlägt die Stunde der Mikroorganismen, die die Gelegenheit nutzen, um sich ihren Phosphatanteil zu sichern. Diese Bakterien und andere Mikroben beziehen ihre Nahrung und Energie aus den Überresten des Lebens. Und wie man aus jeder guten Schauergeschichte weiß: Wo Leben ist, ist auch Tod.

In Wäldern, Mooren und auf Friedhöfen lagert massenweise tote Biomasse. In solchen Umgebungen entstehen Geschichten von Irrlichtern oder anderen gruseligen Lichtern, die durch die Bäume geistern oder wie Phantome übers Moor huschen. Geschichten über solche Phänomene gibt es seit langer Zeit. Normalerweise werden sie als abergläubischer Blödsinn abgetan. Dabei könnte die Wissenschaft eine Lösung dafür haben oder zumindest eine Theorie, mit der sich das Phänomen plausibel erklären ließe.

Einige Lebensformen verdanken ihre Existenz der Zersetzung. Sie tragen wesentlich dazu bei, dass Phosphor und andere Elemente wieder in die Erde gelangen, um neues Leben und Wachstum zu ermöglichen. Einige dieser den Verfall liebenden Lebensformen sind in der Lage, Phosphor von seinem geliebten Sauerstoff wegzuziehen und Diphosphan herzustellen, ein Gas, das sich spontan entzündet, wenn es mit Luft in Kontakt kommt. Wo es viel Totmaterial gibt, werden die zersetzenden Mikroorganismen mit einem Festessen verwöhnt. Bei diesem Bakteriengelage entstehen auch viele Nebenprodukte. Gelegentlich werden diese als Methanwolken oder Faulgase ausgestoßen und treiben meist unbemerkt fort. Hin und wieder wird vielleicht aber auch Diphosphan freigesetzt. Wenn diese Moleküle plötzlich wieder auf den Sauerstoff treffen, den die Bakterien unter der Erde ihnen weggenommen haben, können sie zu leuchten anfangen oder sogar das Methan um sie herum entzünden. Wer also heute Nacht in den Wald geht, sollte sich auf eine Überraschung gefasst machen: Er könnte verkleidetes Phosphor sehen.

16

S

Schwefel

Der Saure-Regen-Macher

Viele Elemente verbergen die dunkleren Aspekte ihres Wesens. Elemente, die Schaden verursachen, tun das für gewöhnlich mithilfe subtiler, heimtückischer Methoden. Schwefel dagegen hat aus seiner Schrecklichkeit nie einen Hehl gemacht. Ja, er brüstet sich geradezu mit seinen üblen Assoziationen und freut sich über seine Nähe zum Teufel. Das peinliche Geheimnis des Schwefels ist, dass er auch eine Menge Gutes tut.

Schwefel ist eines der wenigen Elemente, das seit der Antike bekannt ist. Vermutlich wurde er nicht entdeckt, sondern ließ sich irgendwann nicht länger ignorieren. Reiner Schwefel kommt aus heißen Quellen und Vulkanen, begleitet von einem Gestank nach Fäulnis und Verwesung.

Schwefel bildet das Kernstück vieler übelriechender Moleküle. Er ist der Grund für den aufdringlichen Geruch von Knoblauch und den scharfen Gestank von Methanethiol, der uns auf Gaslecks aufmerksam macht. Verbindungen wie Wasserstoffsulfide und Dimethyldisulfide sind an diesem Gestank nach Tod und Verwesung beteiligt. Solch olfaktorische Warnungen halten Lebewesen wie uns von Nahrung fern, die ihre beste Zeit hinter sich hat.

Zurück zum Vulkan. Die wenigen Mutigen, die sich weder vom Schwefelgeruch noch von den heißen Temperaturen abhalten ließen, wurden mit einem großartigen Schauspiel belohnt. Die ersten Menschen, die reinen Schwefel zu Gesicht bekamen, müssen überrascht gewesen sein, hellgelbes Gestein zu sehen, das zu einer blutroten Flüssigkeit schmolz und mit schaurig blauen

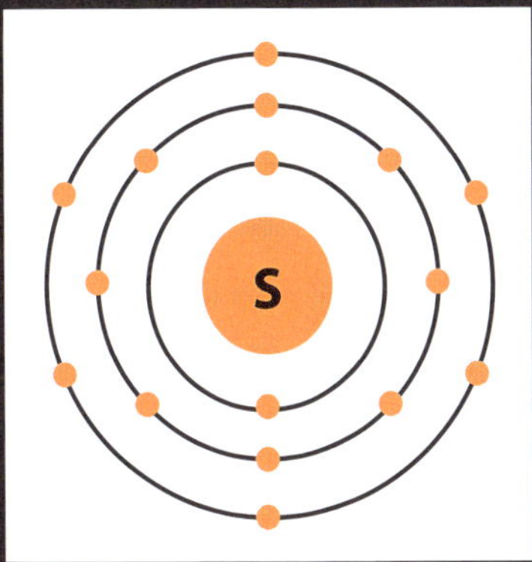

Schmelzpunkt

115 °C

Siedepunkt

445 °C

Gruppe	Periode
16	**3**

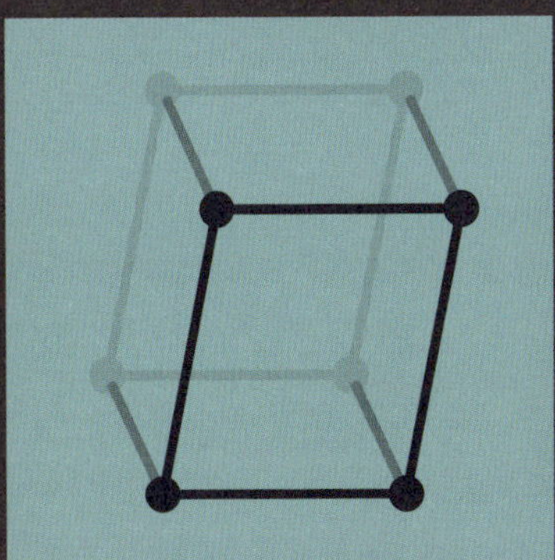

Schwefel

Sauerstoffgruppe

Flammen verbrannte. Angesichts des Ortes und der Erscheinungsform dieses Elements haben sicher einige geglaubt, es käme geradewegs aus der Hölle.

Dieses furchterregende Element findet sogar im Alten Testament Erwähnung. Jahrtausendelang wurden Menschen mit der Androhung brennenden Schwefels eingeschüchtert. Mit Geschichten von Seelen, die in der Nachwelt auf Ewigkeit verdammt waren, in der Hölle zu schmoren, versetzte man Sünder gezielt in Angst und Schrecken, um sie auf den richtigen Weg bringen. Schwefel bedrohte aber auch echte Körper in der diesseitigen Welt: In Kombination mit Kohlenstoff und Salpeter wird es zu Schießpulver.

Auch die Umwelt blieb vom bösartigen Treiben des Schwefels nicht verschont. Wir Menschen haben mit Feuer und Schwefel eine Art Faustschen Pakt geschlossen. Viele technologische Fortschritte waren möglich, weil der Mensch gelernt hat, das Feuer zu beherrschen. In dem Maße, wie sich die Weltbevölkerung und unsere technischen Fähigkeiten weiterentwickelt haben, ist unsere Nachfrage nach Treibstoff gestiegen, mit dem wir diese Fortschritte befeuern. Um diese Nachfrage zu bedienen, wurden fossile Brennstoffe, die reich an Schwefelverbindungen sind, ausgebeutet. Die finsteren satanischen Mühlen der industriellen Revolution wurden mit Kohle befeuert, die Schwefeldioxidwolken in die Atmosphäre schickten. Städte erstickten im Rauch von offenen Feuern und Fabrikschornsteinen. Die Ölprodukte, die in den Motoren der Fahrzeuge verbrannt wurden, die uns über weite Teile des 20. Jahrhunderts rund um die Welt transportierten, gaben noch mehr Schwefeldioxid in die Luft ab. In den Wassertröpfchen der Wolken löste es sich auf und kehrte als saurer Regen auf die Erde zurück.

Schwefel macht seinem teuflischen Ruf alle Ehre, denn er beschädigt und zerstört nicht nur, sondern er beschmutzt auch. Sogar (Stein)Engel bekommen schmutzige Gesichter, wenn sie Jahrhunderte in der Gesellschaft von Schwefel zugebracht haben. Bestimmte Metalle üben auf Schwefel eine starke Anziehungskraft aus. Dass sich alte, mit Heiligenbildern prachtvoll illustrierte Bibeln nach und nach verfärbten, liegt am Schwefel, der bei Bränden freigesetzt wurde und sich dann mit dem Blei im Bleiweiß verband. Im Laufe der Zeit haben sich auf den Wangen jeder noch so heiligen Figur schwarzbraune Bleisulfid-Flecken gebildet. Fabrikschornsteine filtern heute den Schwefel aus den Abgasen heraus, und Rohöl wird entschwefelt, was nicht nur für verbesserte Luftqualität sorgt, sondern auch die schädigende Wirkung des Schwefels auf die Katalysatoren mindert, die in der Industrie und im Automobilbau eingesetzt werden.

Aber neben dem Schlechten und Hässlichen gibt es auch das Gute. Dass Schwefel in fossilen Brennstoffen vorkommt, ist kein Zufall. Er ist da, weil diese Brennstoffe aus ehemals lebendigen Dingen bestehen. Schwefel gehört genauso zum Leben wie zum Tod. Schwefelatome sind über die Aminosäureketten verstreut, die Proteine und Enzyme bilden. Gleich einem molekularen Klettband finden sie paarweise zusammen und sind stark genug, um die Aminosäureketten in sorgsam gewundenen, dreidimensionalen Formen zu halten, die dafür sorgen, dass das Protein oder Enzym richtig funktionieren kann. Aber sie sind auch so schwach, dass sie sich auseinanderziehen lassen, wenn das Enzym ausgeschaltet werden muss. Keratin, die strukturierende Komponente von Haaren und Nägeln, enthält reichlich Schwefel. Ob mit Geschichten vom Höllenfeuer oder der Wissenschaft von Schwefelverbindungen: Schwefel kann einen buchstäblich zu Tode erschrecken oder, wie die Engländer sagen, einem das Haar aufrollen.

17

Cl

Chlor
Die gespaltene Persönlichkeit

Chlor ist der Jekyll und Hyde des Periodensystems. Viele Menschen kennen seine heimtückische Seite aus Berichten über seine zerstörerische Wirkung auf das Ozon und seinen Einsatz während des Ersten Weltkriegs. Dabei vergisst man leicht, dass Chlor, genau wie sein Alter Ego Chlorid, für das Gedeihen des Lebens wesentlich ist.

Es besteht kein Zweifel daran, dass Chlor eine bösartige Seite hat. Genau wie sein Bruder Fluor sucht es händeringend nach einem zusätzlichen Elektron, um seine äußerste Schale zu vervollständigen und versucht, wo immer das möglich ist, eines zu stehlen. Nur wenige Elemente halten den heftigen Attacken von Fluor stand. Chlor ist kaum weniger einschüchternd, aber das Heranziehen eines zusätzlichen Elektrons führt zu einer ebensolchen Umwandlung wie Dr. Jekylls Serum: Das rabiate, unmoralische Chlor alias Hyde wird gänzlich unterdrückt, und das milde, beliebte Chlorid alias Dr. Jekyll kommt zum Vorschein.

Chlorverbindungen wie Natriumchlorid (also Salz) und Salzsäure sind seit langer Zeit bekannt. Und doch war es erst der schwedische Chemiker Carl Wilhelm Scheele, der das Element 1774 als Erster isolierte und systematisch erforschte. Seine Arbeit brachte wichtige Eigenschaften des ungesunden, blassen, grünlich-gelben Gases ans Licht. Es reagierte mit fast allem, mit dem es in

Schmelzpunkt

−102 °C

Siedepunkt

−34 °C

Gruppe	Periode
17	**3**

Chlor

Halogene

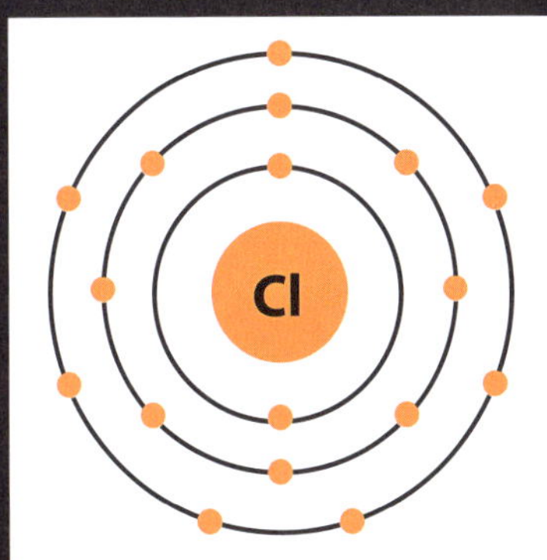

Kontakt kam, hatte einen stechenden Geruch, bleichte Papier, Pflanzen und Kleidung und tötete Insekten.

Es dauerte einige Jahre, bis die Menschen verstanden, welches Bleichpotenzial Chlor besaß, und als es dann so weit war, veränderte diese Erkenntnis die Papier- und Textilindustrie. Weitere Verbesserungen gelangen, als man Chlorgas durch eine Natriumhydroxidlösung perlen ließ. So entstand Natriumhypochlorit, das den meisten von uns als Chlorbleiche bekannt ist. Mit flüssiger Chlorbleiche ließ es sich einfacher arbeiten als mit übelriechendem Chlorgas. Und der hellweiße Stoff, der dabei entstand, sah nicht nur sauber aus, er war sauber.

Bakterien und Viren reagieren sehr empfindlich auf Hypochlorit, auch in stark verdünnten Lösungen. Chlorbleiche ist keine Medizin, wird aber zur gründlichen Reinigung in Krankenhäusern eingesetzt und senkt so die Sterblichkeitsrate. 1897 gab es in dem englischen Städtchen Maidstone einen Typhusausbruch. Daraufhin beschloss man, dem Trinkwasser Chlor beizumischen, und konnte so eine Epidemie verhindern. In den meisten Industrieländern wird das Trinkwasser heute gechlort. Das Chlor ist so gering dosiert, dass es der Gesundheit der Menschen, die dieses Wasser trinken, nicht schaden kann, tötet aber alle im Wasser entstehenden Krankheitserreger ab, die in den zurückliegenden Jahrhunderten Millionen Menschen das Leben gekostet haben.

Doch die dunkle Seite des Chlors war nie weit weg. Am 22. April 1915 wurde entlang der Westfront im belgischen Ypern Chlorgas gegen den Feind eingesetzt. Eine leichte Brise trieb die Gasschwaden zu den gegnerischen Stellungen. Das Gas, das schwerer ist als Luft, sickerte über den Matsch des

Niemandslands, sank in Mulden hinab und strömte in Schützengräben. Als das Chlor die Feuchtigkeit in den Augen, Mündern und Lungen der Soldaten erreichte, verwandelte es sich in Salzsäure. Es war das erste Mal, dass in einem Krieg Chemikalien in vollem Bewusstsein der wahrscheinlichen Folgen ausgewählt, hergestellt und gezielt freigesetzt wurden. Tausende starben, andere blieben erblindet oder mit zerstörten Lungen zurück. Diese furchtbare Entwicklung schockierte die Welt, und nach Kriegsende wurden neue internationale Resolutionen ausgearbeitet, die sicherstellen sollten, dass sich so etwas nie mehr wiederholt. Sie waren nicht wirklich erfolgreich.

Dr. Jekyll entdeckte, dass Mr. Hyde, einmal losgelassen, zunehmend schwer zu kontrollieren war. Im Verlauf des 20. Jahrhunderts wurde Chlor als umweltschädlichstes Element eingestuft. Chlorbasierte Chemikalien, die vermehrt in Plastik, Pestiziden, Kühlmitteln und Treibgasen benutzt wurden, drangen in die obere Erdatmosphäre vor. Dort werden diese Moleküle von ultraviolettem Licht aufgebrochen und setzen Chlorradikale frei, hochreaktive Atome, die die Ozonschicht zerstören.

Als ein Loch in der Ozonschicht die Gefahr offenbar machte, wurden viele synthetische Chlorverbindungen entweder verboten oder stark reguliert, um den Schaden zu begrenzen. 1991 beschloss Peru, aus Sorge um die Umwelt, in vielen Regionen des Landes auf das Chloren des Trinkwassers zu verzichten. Die Folge war ein massiver Cholera-Ausbruch, der 10.000 Menschen das Leben kostete. Anschließend wurde das Wasser wieder gechlort.

Jede Geschichte hat mindestens zwei Seiten. Während des Ersten Weltkriegs wurden mit gechlortem Trinkwasser und Hypochloritlösungen zur Behandlung offener Wunden viele Leben gerettet. Chlorbasierte Chemikalien sind umweltschädlich, aber auch lebenswichtig – von der Säure in unserem Magen bis hin zum Chlorid, das unsere Zellen reguliert. Wie bei Dr. Jekyll ist es oft gar nicht so einfach, das Gute vom Bösen zu trennen.

19

K

Kalium
Der Showman

Kalium ist extrem stur und ein Freund des ruhigen Lebens. Es aus der Dunkelheit zu holen, erfordert viel Überzeugungskraft. Und man darf von diesem Element bloß keine Dankbarkeit dafür erwarten, dass man es ins Licht holt. Wer es wagt, Kalium zu isolieren und es nicht mit dem nötigen Respekt behandelt, wird schon bald aus seinem Fehler lernen.

Wie alle anderen Elemente in der Familie der Gruppe 1 hat Kalium ein einziges Elektron in seiner äußeren Schale. Seine anderen Elektronenschalen sind ordentlich befüllt. Je mehr man sich vom Oberhaupt der Familie entfernt und in der Gruppe nach unten bewegt, desto weniger erwünscht ist dieser eigenartige, unordentliche Anhang. Daher gibt Kalium, anders als Lithium oder Natrium, dieses übrige Elektron mit größtem Vergnügen an jeden ab, der es haben will. Zum Glück gibt es viele Elemente, denen ein oder zwei Elektronen fehlen und die bereitwillig ein zusätzliches aufnehmen. Das Ergebnis ist eine Partnerschaft, oder ein Salz, das aus Kalium und dem Atom gebildet wird, das das zusätzliche Elektron übernommen hat.

Für Kalium ist dieses glückliche Zusammenleben die normale, bevorzugte Lebensweise. Aufgrund der Lebensbedingungen auf der Erde kommt das Element in der Natur nie in seiner reinen Form vor. Wissenschaftler des frühen 19. Jahrhunderts waren mit Kaliumsalzen wie zum Beispiel Pottasche vertraut und vermuteten, dass es sich dabei nicht um ein reines Element handelte. Aber niemandem war es gelungen, Kalium von den anderen in

Kalium
Alkalimetall
K
Schmelzpunkt
64 °C
Siedepunkt
759 °C
Gruppe
Periode
1
4
K

Pottasche enthaltenen Elementen zu trennen. Dann holte ein Wissenschaftler, der unbedingt etwas vorzeigen wollte, Kalium aus seiner Komfortzone und stellte es einem Publikum vor, ohne dass eines seiner Geschwisterelemente es hätte unterstützen können. Wie man sich unschwer vorstellen kann, reagierte Kalium nicht gut darauf.

Humphry Davy wuchs in bescheidenen Verhältnissen auf, zeigte aber schon früh eine ungewöhnliche Begabung für die Wissenschaft. Mit einer Mischung aus Talent, harter Arbeit und Beharrlichkeit stieg er die Leiter des wissenschaftlichen Establishments empor. Mit überzeugenden öffentlichen Auftritten und geschickten Demonstrationen machte er sich und seine Arbeit beim breiten Publikum bekannt, wenngleich die akademische Elite nicht immer seiner Meinung war. Und doch ließen sich seine Errungenschaften auf dem Gebiet der Chemie nicht ignorieren.

1807 wurde Davy eingeladen, die renommierte Bakerian Lecture in der Royal Society zu halten, der Heimat der größten und besten Wissenschaftler der Welt. Dafür brauchte er etwas Besonderes, etwas, mit dem er auch den konservativsten Zuhörer beeindrucken konnte. Er beschloss, bei seinem Vortrag eine große Entdeckung zu verkünden, etwas, um das sich andere vergeblich bemüht hatten: die Entdeckung eines neuen Elements. Das Problem war nur: Bis zum Vortrag blieben ihm nur wenige Wochen, um dieses Element aufzuspüren.

Damals arbeitete Davy in der Royal Institution, einer gut finanzierten Einrichtung mit hervorragend ausgestatteten Laboren, deren öffentliche Vorträge so viele Menschen anlockten, dass sich auf der Straße vor dem Gebäude der Verkehr staute. Dank der Ausstattung und der verfügbaren Gelder hatte man hier die stärkste Batterie der Welt bauen können. Die nutzte Davy, um Pott-

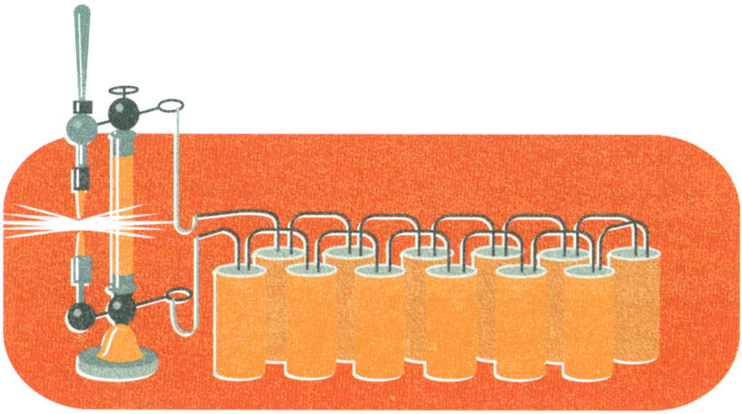

asche aufzuspalten. Die elektrische Spannung der Batterie zwang die Kaliumatome in der Pottasche, das Elektron zurückzunehmen, das sie normalerweise so gern loswerden. Davy war der erste Mensch, der reines Kaliummetall betrachtete, das sich an einer der Elektroden der Batterie angesammelt hatte.

Die bei dem Experiment entstehende Wärme schmolz das Kalium zu Kügelchen, die wie schimmernde Quecksilbertröpfchen aussahen, aber diese Tröpfchen hatten einen Trick auf Lager. Jedes Kaliumatom, das nach draußen gezogen wurde, war nun mit einem ungewollten einsamen Elektron in seiner äußeren Schale belastet. Es nutzte die erste Gelegenheit, um dieses Elektron beim Sauerstoff und Wasser in der Luft abzuladen. Wie bei einem Zauberer, der auf der Bühne in einer dramatischen Inszenierung etwas verschwinden lässt, loderten helllila Flammen auf und das Kalium verschwand wieder in Pottasche.

Als Davy bei seinem Vortrag die Entdeckung eines neuen Elements bekanntgab, sorgte dies für ein wahrhaftiges Feuerwerk – im übertragenen wie im tatsächlichen Sinn. Das gesetzte akademische Publikum der Royal Society war an solche Vorführungen nicht gewöhnt. Davys überschwänglicher Stil schien ihnen unpassend für diese ernsthafte Wissenschaft. Andere bezweifelten den Wahrheitsgehalt seiner Behauptungen, denn niemand außerhalb der Royal Institution hatte die Mittel und Möglichkeiten, seine Experimente zu wiederholen und seine Entdeckung zu bestätigen. Zum Glück war diese spektakuläre Vorführung keine Eintagsfliege. Heute lässt sich reines Kalium einfach herstellen. Aufgrund seiner Reaktivität sind Wissenschaftler gleichwohl sehr viel wachsamer und behandeln es mit großer Vorsicht.

20

Ca

Calcium
Der Charakterdarsteller

Viele Elemente haben besondere Eigenschaften oder hervorstechende Merkmale, die sie für eine bestimmte Nische ausrüsten. Calcium dagegen glänzt in vielen Bereichen. Es hat über so unterschiedliche Rollen wie Kreide und Käse in unser Leben gefunden. Wenn wir morgens aufwachen, ist es vom ersten Moment an bei uns, und es behütet uns, während wir schlafen. Calcium begleitet uns den ganzen Tag über und hält die Dinge beisammen, damit das Leben weitergehen kann. Dieses solide, verlässliche Element erfüllt tausend undankbare Aufgaben, die vielfach unbemerkt bleiben und für die es keine Wertschätzung erfährt.

Wie ein vielseitiger Charakterdarsteller mithilfe von Make-up, Kostümen und bestimmten Verhaltensweisen in unterschiedliche Rollen schlüpft, so verwandelt sich Calcium mithilfe chemischer Zusätze in alles Mögliche, vom großartigen Baumeister über den Hausarzt bis zum Renaissancekünstler. Ein vollendeter Schauspieler kann sich in eine völlig andere Persönlichkeit verwandeln, sodass wir die Person hinter der Rolle kaum noch erkennen. Menschen sind oft überrascht, dass Calcium, gleich einem Schauspieler, hinter den Kulissen ganz anders ist.

Erst Anfang des 19. Jahrhunderts erkannte man überhaupt, dass Calcium ein Element ist – so gut hatte es sich hinter verschiedenen Verbindungen unsichtbar gemacht. Die Persönlichkeit oder der Charakter eines Elements wird dadurch definiert, wie seine Elektronen um seinen Kern herum angeordnet

Calcium

Erdalkalimetall

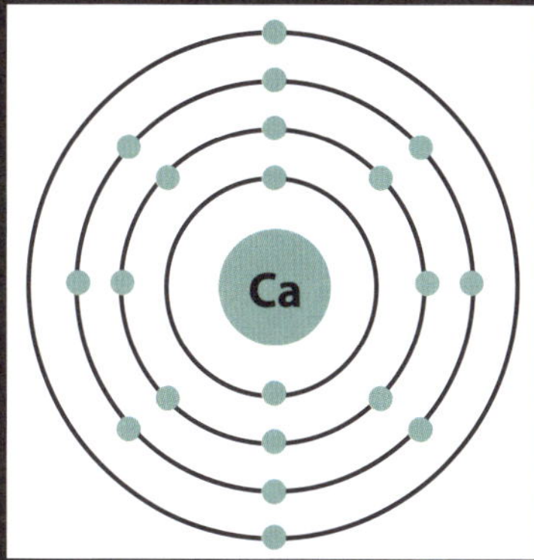

Schmelzpunkt

842 °C

Siedepunkt

1484 °C

Gruppe	Periode
2	**4**

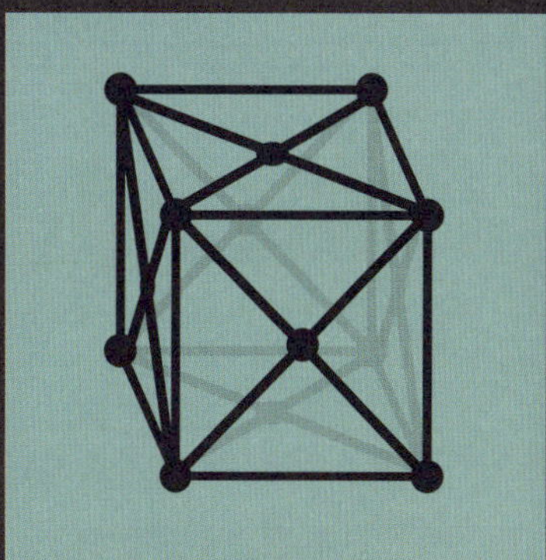

sind. Wenn Elemente miteinander reagieren und Verbindungen eingehen, werden Elektronen geteilt, aufgenommen oder abgegeben. Das Ergebnis ist sehr viel mehr als eine Mischung aus zwei Sätzen von Merkmalen; es ist eine komplett neue Anordnung. Wenn Calcium mit anderen Elementen reagiert, schlüpft es nicht nur in ein großartiges Kostüm, sondern verwandelt sich in etwas völlig anderes.

Am vertrautesten ist uns Calcium in Gestalt von Steinen und Knochen. Wenn wir an das Element denken, stellen wir uns oft Strukturen vor. Es hat Landschaften aus Kreidefelsen und Kalksteinbrüchen geformt; es ist Grundlage von Baumaterialien zum Betonieren von Straßen, Verputzen von Häusern und Abstützen von Säulengängen. Und es ist Bestandteil des Skeletts, das uns davor bewahrt, zu einem wabbeligen Haufen zusammenzufallen. Aber Calcium ist mehr als eine passive Stütze unserer Welt.

Ingenieure und Architekten schätzen Calciumkarbonat nicht nur wegen seiner Festigkeit und Beständigkeit, sondern auch wegen seines Erscheinungsbildes. Designer haben das Innere und Äußere von Häusern mit Marmor dekoriert. Bildhauer haben aus Alabaster großartige Statuen erschaffen, Kunsthandwerker haben Objekte mit Perlen verziert. Solche Verzierungen waren oft ein Zeichen von Wohlstand. Von Kleopatra heißt es, sie habe in einer sehr dekadenten Darbietung eine Perle in einer Tasse Essig aufgelöst und dann diesen beeindruckend kostspieligen, wenn auch ekligen Calciumcocktail getrunken. Viele Menschen nehmen Calcium-Ergänzungsmittel, um ihre Knochen und Zähne zu stärken; die ägyptische Königin hat es da vielleicht ein bisschen übertrieben.

Die Knochenfestigkeit ist wichtig, aber das Skelett ist nicht einfach ein steifes Gerüst, an dem unser Fleisch hängt. Es ist eine lebendige Ressource in unserem Körper, ein Calciumdepot, das auf- und abgebaut wird, je nachdem, welche Mengen wir ihm über unsere Ernährung zuführen. 99 Prozent des Calciums in uns wird in unseren Knochen als Calciumphosphat gelagert. Das verbleibende eine Prozent regelt unser alltägliches Leben. Diesem Depot in unseren Knochen wird fortwährend etwas entnommen oder hinzugefügt, um den winzigen Calciumanteil, der sich durch unsere weicheren Körperteile bewegt, fein auszubalancieren. Diese frei bewegliche Form von Calcium sorgt unter anderem für die Kontraktion der Muskeln, das Freisetzen von Hormonen und die Blutgerinnung.

Die biologischen Fähigkeiten des Calciums sind sorgfältig auf die Situation zugeschnitten. Das feste, solide Calciumphosphat eignet sich ideal zur Stärkung unserer Knochen. Im hektischen Geschehen innerhalb von Zellen dagegen hätte es eine verheerende Wirkung. Im Zellinnern gibt es reichlich Adenosintriphosphat. Die Phosphateinheiten dieses Moleküls werden der Reihe nach aufgebrochen, um die Energie freizusetzen, die die Zellen für ihre Arbeit benötigen. Von solchen Orten muss Calcium rigoros ferngehalten werden, damit das hektische Leben in den Zellen nicht zum Erliegen kommt. Eine so strikte Überwachung kann unerwartete Vorteile haben. Das fortwährende Herausdrängen von Calcium aus den Zellen könnte in der Ausbildung harter äußerer Krusten aus Calciumphosphat und Calciumkarbonat resultiert haben. Möglicherweise war dies ein früher evolutionärer Schritt in Richtung Schalen und Außenskelette, mit denen sich viele Meereslebewesen schützen.

Diese unlöslichen Calciumverbindungen stehen oft im Rampenlicht – nebenbei gesagt wird dieses leuchtend weiße Licht von einer Flamme erzeugt, die auf einen Kalksteinblock (Calciumoxid) gerichtet wird. Was bleibt also, wenn Calcium erst einmal all seiner Ausrüstung und Zusätze beraubt ist? Viele sind überrascht, wenn sie feststellen, dass reines, nicht verkleidetes Calcium eher ein unscheinbares Metall ist.

22

Ti

Titan
Der starke Kerl

Titan ist der starke, stille Typ. Der Welt zeigt er seine harte Schale – einen Panzer, der verhindert, dass er sich mit irgendetwas um ihn herum einlässt. Aber dieser Panzer ist keine sperrige, scheppernde Rüstung aus stumpfem Metall. Er gleicht vielmehr dem Anzug eines Superhelden, enganliegend, anpassungsfähig und bisweilen sogar farbenfroh. Und genau wie ein Superheld bewahrt Titan uns Menschen vor Schaden.

Das Element wurde in den 1790er Jahren entdeckt, es war in Gestein mit Eisen und Sauerstoff gebunden. Das Eisen ließ sich leicht entfernen, aber zurück blieb eine Sauerstoffverbindung, von der alle sich sicher waren, dass sie ein zuvor unbekanntes Element enthielt. Dieses nannte man Titan, nach den Titanen, der ersten Generation griechischer Götter, den Kindern von Uranus (Himmel) und Gaia (Erde). Die Titanen wurden von den Göttern des Olymp in einem zehnjährigen Krieg bezwungen. Das Titan aus dem Titandioxid zu lösen, war ein weniger brutaler, aber sehr viel längerer Kampf.

Viele versuchten das Metall zu überreden, den Sauerstoff freizugeben, mit dem es sich verbunden hatte. So wie man dickköpfigen Kindern Süßigkeiten und neue Spielsachen verspricht, um sie aus ihrem Versteck zu locken, versuchte man, dem Titan andere Elemente als Alternativen anzubieten. Schließlich lockte man den Sauerstoff mit Kohlenstoff weg – eine normale Herangehensweise, wenn man Metalle wie Eisen oder Kupfer veredelt. Das Titan gab den Sauerstoff frei, verband sich aber mit dem Kohlenstoff zu Titancarbid,

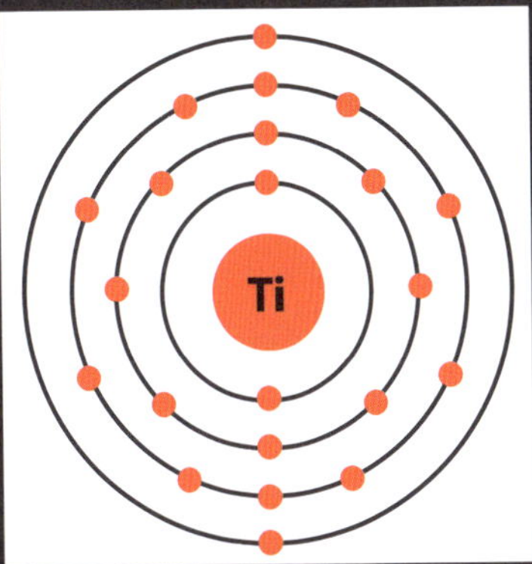

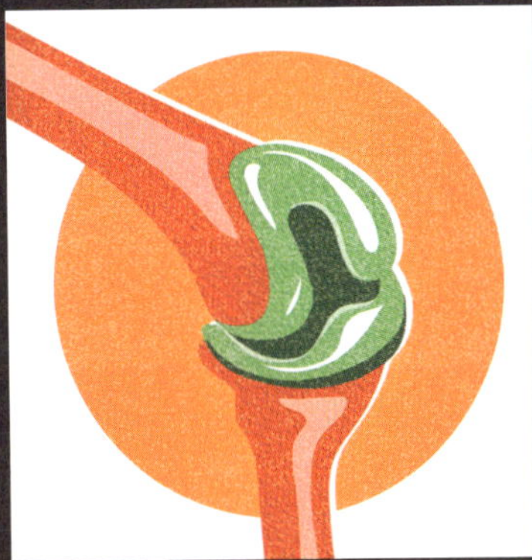

Schmelzpunkt

1670 °C

Siedepunkt

3287 °C

Gruppe	Periode
4	**4**

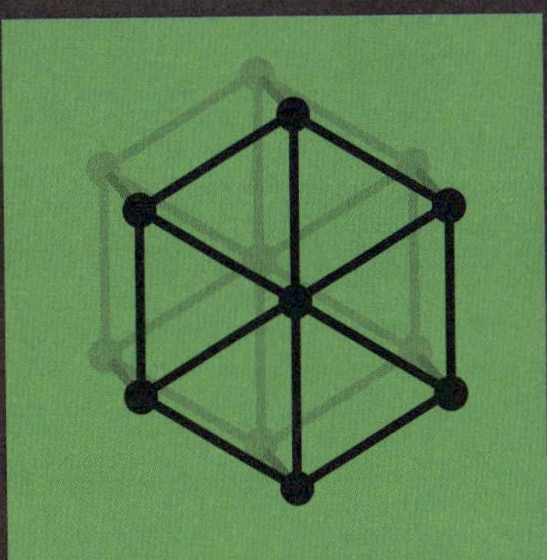

Titan

Übergangsmetall

einem noch widerspenstigeren Material. Das Element blieb standhaft, bis 1910 ein ziemlich komplizierter, kostspieliger Anreiz ersonnen wurde, der aber die Mühe wert war.

Titan ist für sein Gewicht außergewöhnlich hart, und seine Affinität zu Sauerstoff führt dazu, dass das reine Metall, wenn es der Luft ausgesetzt wird, schnell eine schützende Oxidschicht ausbildet, mit der es chemische und physikalische Angriffe abwehrt. Es ist das perfekte Material für die Luft- und Raumfahrt, für Architektur und Schmuck. Aus Titan und Titanlegierungen werden leichtgewichtige, harte Flugzeugteile hergestellt, die nicht rosten. Die Titanplatten, mit denen das Guggenheim Museum in Bilbao verkleidet ist, haben heute noch denselben metallischen Schimmer wie 1997, als sie angebracht wurden. Schmuck aus Titan ist angenehm leicht und die Oxidschicht lässt sich in der Dicke so verändern, dass sie in allen Farben des Regenbogens erstrahlt.

Die Menschen haben sich das gepanzerte Gewand von Titan geliehen, um sich seine große Gleichgültigkeit zunutze zu machen. Reines Titandioxid lässt alles Mögliche an sich abprallen, einschließlich Licht. Mit leuchtend weißem Titandioxid wird lange haltbare Farbe hergestellt. Es kann auch zum Verstärken unserer eigenen Schutzschicht, der Haut, verwendet werden. Als Bestandteil von Sonnencreme reflektiert es das UV-Licht, das Hautkrebs verursachen kann.

Aber wenngleich Titandioxid der Haut gegenüber genauso gleichgültig ist wie gegenüber allem anderen, erzählt doch die Art, wie der Körper auf Titanmetall reagiert, eine andere Geschichte. Biologie kann brutal sein. Die Notwendigkeit, biologische Systeme vor schädlichen Eindringlingen zu schützen, bedeutet, dass Immunsysteme ständig in Alarmbereitschaft sind und alles Fremde mit jeder ihnen verfügbaren chemischen oder physikalischen Methode zu zerstören suchen. Die Vielfalt und Anpassungsfähigkeit von Lebewesen bedeutet, dass jeder Panzer auf Schwachstellen hin untersucht wird. Die Entdeckung, dass lebendige Organismen Titan nicht nur ignorierten, sondern es wie ihresgleichen behandelten, kam daher einem Schock gleich.

1952 wollte der schwedische Arzt Per-Ingvar Brånemark herausfinden, wie im Körper neue Blutzellen produziert werden. Um beobachten zu können, was vor sich ging, bohrte er Löcher in die Oberschenkelknochen von Kaninchen, brauchte aber Fenster, um sie abzudecken. Also stellte er Titanplatten her, die so dünn waren, dass sie starkes Licht durchließen. Nachdem er seine Studien zu seiner Zufriedenheit abgeschlossen hatte, wollte Brånemark die teuren Titanplatten wieder entfernen, um sie für weitere Experimente zu nutzen, aber sie ließen sich nicht bewegen. Er stellte neue Fenster her, aber das Ergebnis war das gleiche. Osteoblasten, also jene Zellen, die für den Aufbau von Knochenmaterial verantwortlich sind, hefteten sich an das Titan wie an einen Knochen. Titan wurde also vom Körper voll akzeptiert, was zu einer Revolution auf dem Gebiet der Prothetik führte.

Auch wenn es so scheinen mag, ist Titan nicht perfekt. Es bedarf einer gewaltigen Anstrengung, aber wenn man das Element einmal provoziert, reagiert es sehr heftig, und seine Superheldenkräfte machen es zu einem furchtbaren Gegner. Wenn Titan zu brennen beginnt, lässt es sich nicht stoppen. Anders als die Götter, nach denen es benannt wurde, lässt Titan zum Glück alle Schmähungen an sich abprallen und zieht es vor, hinter seiner nahezu undurchdringlichen Maske zu bleiben.

24

Cr

Chrom
Der verblassende Stern

Das Problem von Chrom liegt darin, dass es sich leicht beeinflussen lässt. Für sich genommen ist es ein Musterbeispiel für sauberes Leben, aber wenn es sich mit der falschen Gesellschaft einlässt, kann das zu hässlichen Ergebnissen führen. Das ist nicht unbedingt Chroms Schuld, sondern liegt daran, dass einige andere Elemente aus der Situation ihren Vorteil ziehen.

Das 24. Element des Periodensystems sitzt etwa in der Mitte der oberen Reihe des langen niedrigen Vierecks im Zentrum der Burg. Die Elemente in diesem viergeschossigen Block sind als Übergangsmetalle bekannt. Sie besitzen alle Attribute, die man von einem Metall erwartet – glänzend und (weitgehend) stabil –, sind aber auch leicht protzig.

Chrom in seiner reinen Form ist das silbrige Metall, das dem hochmodernen Design der 1920er-Jahre seinen edlen Glanz gab. Im Amerika der 1950er-Jahre ließ es Oberflächen von Autos und Küchengeräten schimmern. Sein stark reflektierender Glanz sorgte für ein modernes, glattes Erscheinungsbild, das heute ein angenehm nostalgisches Gefühl weckt.

Übergangsmetalle sehen nicht nur in ihrem reinen, unveränderten Zustand gut aus. In Gesellschaft anderer Elemente können sie erstaunlich viele farbige Verbindungen produzieren. Das verdankt sich ihrer Großzügigkeit. Braucht ein anderes Atom ein oder mehrere Elektronen, sind Übergangsmetalle in der Regel bereit, ein paar eigene aufzugeben. Sie nehmen auch ein paar zusätzliche auf, sollte ein anderes Atom kurzzeitig überlastet sein. Sie sind also sehr wandelbar.

Chrom

Übergangsmetall

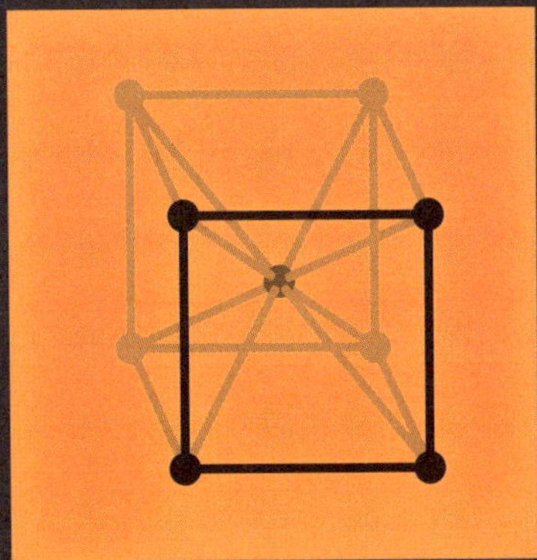

Schmelzpunkt

1907 °C

Siedepunkt

2671 °C

Gruppe	Periode
6	**4**

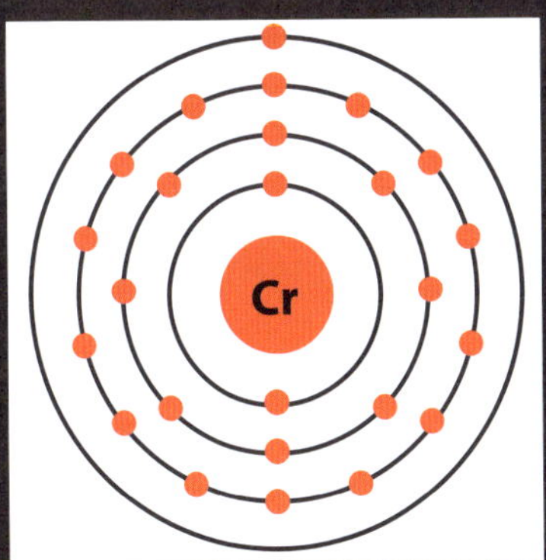

Chrom gibt bereitwillig zusätzliche Elektronen ab oder nimmt welche auf, aber am wohlsten fühlt es sich, wenn es zwei, drei oder sechs abgeben kann, um Chrom(II)-, Chrom(III)- oder Chrom(VI)-Verbindungen zu bilden. Wenn die richtige Anzahl Elektronen weggenommen und andere Atome auf richtige Art um Chrom herum angeordnet werden, entsteht eine erstaunliche Bandbreite hellgelber, orangefarbener, violetter oder grüner Verbindungen. Künstler haben diese Verbindungen daher als Pigmente genutzt.

Viele Künstler des 19. und frühen 20. Jahrhunderts begeisterten sich für die glänzenden Töne von Chromfarben. Vincent van Gogh war wie gebannt von der Farbe Gelb, und es gab mehrere gelbe Pigmente, unter denen er auswählen konnte. Kadmiumgelb war hell und deckend, aber teuer. Chromgelb hatte einen ähnlich glänzenden Ton und war billiger, aber die Farbe weniger beständig.

Chrom allein kann sich gegen das Anlaufen zur Wehr setzen, wenn es aber zu viel mit anderen Elementen zusammen ist, kann das seinen Tribut fordern. Chromgelb ist als „flüchtiges“ Element bekannt, weil sein glänzender Ton nach und nach hinter einem matten Schimmer verschwindet. Die Künstler, die sich für die glänzenden Chromfarben begeisterten, wussten, dass sie deren Veränderlichkeit berücksichtigen mussten.

„Gemälde verblassen wie Blumen“, schrieb van Gogh an seinen Bruder Theo. Wenn er Sonnenblumen in einer Vase arrangierte, um sie zu malen, muss er immer wieder Wasser nachgefüllt haben, damit sich die Blumen ein paar Tage länger hielten. Dementsprechend trug er auf seinen Leinwänden mehrere Schichten Farbe auf, damit die Gelbtöne ein paar Jahre länger ihren Glanz behielten. Das Problem war nicht nur das Pigment, das er benutzte; es war das Öl, das die Farbe flüssig hielt. Ölfarben trocknen sehr langsam. Um die Sache zu beschleunigen, werden ihnen Trocknungsbeschleuniger beigemischt. Diese Mittel arbeiten mit Luftsauerstoff, der die Molekülketten in der Ölfarbe ermuntert, sich miteinander zu verbinden, damit alles an Ort und Stelle gehalten wird. Sauerstoff und Trocknungsbeschleuniger sind in einem Netz gefangen, das um sie herum gestrickt wird.

Die Trocknungsbeschleuniger, die van Gogh verwendete, enthielten auch Übergangsmetalle (Eisen, Cobalt oder Mangan), die ähnliche Eigenschaften besaßen wie die Übergangsmetalle in den Pigmenten: eine entspannte Haltung gegenüber Elektronen. Die Kombination aus Sauerstoff, Trocknungsbeschleuniger und Öl befreite Elektronen aus einem Übergangsmetall, die dann von einem anderen aufgenommen wurden. So wurde hellgelbes Chrom(VI) zu mattbraunem Chrom(III).

Untersuchungen der Gemälde van Goghs haben die Kunstwelt gelehrt, dass diese Pigmente dem Zahn der Zeit meistens nicht widerstehen. Die Sonnenblumenbilder, die heute Massen von Menschen in die Museen locken, sind ein trüber Abglanz dessen, was sie einst waren.

Bis Konservatoren eine Möglichkeit gefunden haben, den Schaden zu beheben, kann man den Prozess des unerbittlichen Dunklerwerdens nur verlangsamen. Blaugrünes Licht kann die in der Farbe gefangenen Metalle anregen, ihre Elektronen freizugeben, die dann von dem stets aufnahmebereiten Chrom aufgenommen werden. Die aussichtsreichste Hoffnung, van Goghs verblassende Blumen zu bewahren, liegt vermutlich darin, das Licht in den Ausstellungsräumen zu verändern.

26

Fe

Eisen
Der Knallharte

Einige Elemente sind so bekannt, dass ihre Namen Eingang in unsere Alltagssprache gefunden haben. Eisen ist ein Synonym für Härte und Unbiegsamkeit, weshalb wir auch von einem „eisernen Willen" oder einem „eisernen Griff" sprechen. Dem muss ein Element erst einmal gerecht werden, insbesondere wenn dieses Element eine ernsthafte Schwäche hat, eine Abhängigkeit, die seinen Charakter komplett aufweichen kann: Wenn Eisen auf Sauerstoff trifft, fällt es einfach auseinander.

Eisen verkörpert, was wir inzwischen von allen Metallen erwarten: Es ist schwer, fest, glänzend und nützlich. Und solange es von seiner zerstörerischen Beziehung zu Sauerstoff ferngehalten wird, entspricht es diesen Erwartungen voll und ganz. Unter dem Einfluss von Sauerstoff jedoch wird Eisen spröde und lässt sich schwer bearbeiten. Eisenoxid ist der Rost, der das Metall nach und nach zerfrisst, bis er es komplett zerstört hat. Es überrascht, dass ein Metall, das so stark dazu neigt, schuppig und brüchig zu werden, so viel verwendet wird.

Ein großer Vorteil von Eisen ist die Fülle, in der es vorkommt. Auf diesem Planeten herrscht keine Eisenknappheit, auch wenn ein Großteil des Eisens an seinen geliebten Sauerstoff gebunden ist. Die Verbindungen, die die beiden Elemente eingehen, sind nicht sonderlich stark. Die Natur hat zahlreiche Möglichkeiten gefunden, die beiden zu trennen und das Metall nutzbar zu machen. Die Menschen haben etwas länger gebraucht, um das herauszufin-

Eisen

Übergangsmetall

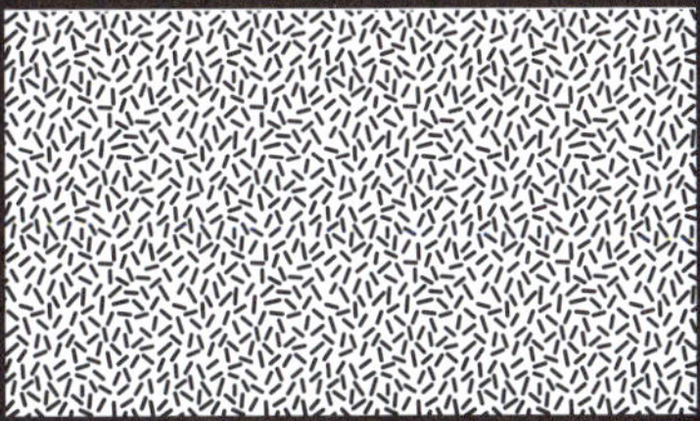

Schmelzpunkt

1538 °C

Siedepunkt

2861 °C

Gruppe	Periode
8	**4**

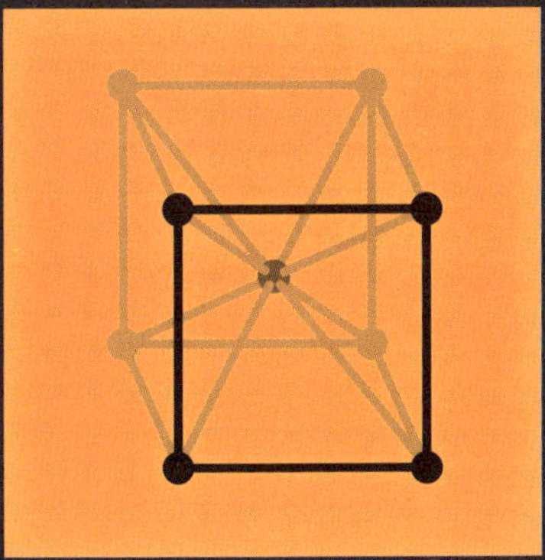

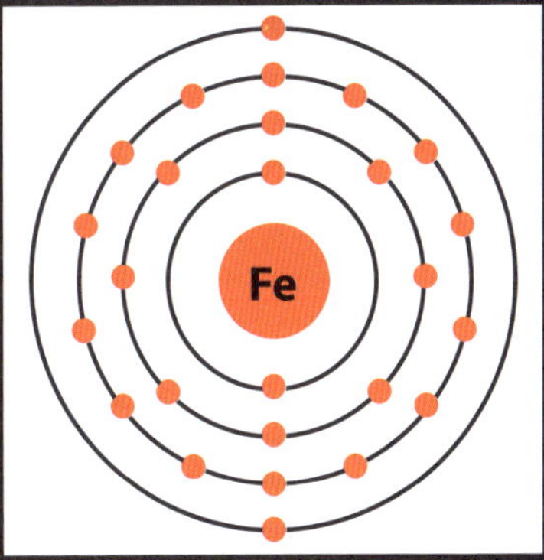

den. Doch nachdem sie einmal verstanden hatten, wie man den Sauerstoff in Eisenoxiderzen verbrennt, gab es kein Halten mehr. Das Metall war fester und blieb länger scharf als andere Metalle, die bis dahin genutzt worden waren. Die Möglichkeit, robustere Werkzeuge und Waffen herzustellen, verschaffte jenen, die das Geheimnis der Eisentechnologie gelüftet hatten, einen Wettbewerbsvorteil. Im Laufe der Zeit wurde das Verfahren weiterentwickelt und an industrielle Maßstäbe angepasst. Gleichzeitig wuchs die Bandbreite der Objekte aus diesem Metall, angefangen bei Gegenständen des persönlichen Gebrauchs bis zu Fahrzeugen für den Personentransport: Schiffe, Eisenbahnen und auch Brücken. Fern von Sauerstoff kann Eisen unglaubliche Ingenieursleistungen vollbringen, aber … es gibt immer ein Aber.

Eisen wird immer wieder rückfällig. Man muss ständig nach ihm sehen und es überwachen, um sicherzustellen, dass es keine hinterlistigen Verabredungen mit Sauerstoff trifft. Wasser, das maßgeblich zum Verfall von Eisen beiträgt, muss um jeden Preis von ihm ferngehalten werden. Dafür bedarf es physischer Schranken in Form von Farbe, Schmierfett und Plastik. Eisen kann auch durch andere Metalle geschützt werden, die auf den flatterhaften Sauerstoff wie Honigfallen wirken. Verzinkter, rostfreier Stahl lenkt die Aufmerksamkeit des Elements weg vom Eisen und hin zu Zink und Chrom, das es bevorzugt.

Menschen unternehmen große Anstrengungen, um Sauerstoff von den Eisenobjekten, die sie produzieren, fernzuhalten. Doch im Inneren unseres wasserreichen Körpers ist das eine andere Geschichte. Jeder von uns trägt rund vier Gramm Eisen mit sich herum. Das meiste davon befindet sich in unseren roten Blutkörperchen, wo sein ausdrücklicher Zweck darin besteht,

mit dem Sauerstoff zu reagieren. Tag für Tag, Minute für Minute erlauben wir dem Eisen in unserem Blut, in direkten Kontakt mit Sauerstoff zu treten, und trotzdem rosten wir nicht.

Die Natur hat eine Möglichkeit gefunden, das Verlangen von Eisen nach Sauerstoff zu ihrem Vorteil zu nutzen. Eisen kann Sauerstoff mühelos festhalten; es ist sehr gut darin, ihn aus der Luft, die wir atmen, herauszuziehen. Es hält ihn auch gut fest, wenn es durch unsere Arterien und Kapillaren in jeden Winkel unseres Körpers fließt. Der Trick besteht darin, es zum Loslassen zu überreden.

Die Reaktion von Eisen und Sauerstoff in unseren roten Blutkörperchen wird vom Hämoglobin sorgfältig organisiert. Jedes Hämoglobinmolekül enthält vier Häm-Einheiten. Häm ist ein kompliziertes Gitter aus Kohlenstoff- und Stickstoffatomen, das dem einzelnen Eisenatom in seiner Mitte als stützendes Gerüst dient. Wenn sich das erste Sauerstoffmolekül mit einem Eisenatom verbindet, biegt sich die umgebende Struktur, um seine Fracht aufzunehmen. Die Bewegung eines Häms wird über ein System molekularer Federn und Hebel an die anderen weitergegeben. Das erleichtert es dem Sauerstoff, sich an das nächste Häm zu binden und dann an das nächste. Häm ermöglicht es Sauerstoff und Eisen, eine Verbindung einzugehen, die so stark ist, dass die beiden zusammenbleiben, bis sie die entferntesten Winkel des Körpers erreicht haben. Das stützende Gerüst dient aber auch dazu, ihre unvermeidliche Trennung zu erleichtern. Im richtigen Moment schiebt das partnerschaftliche System den Sauerstoff sanft weg; das Eisen dagegen bleibt an seinem Platz, bereit für die nächste Runde.

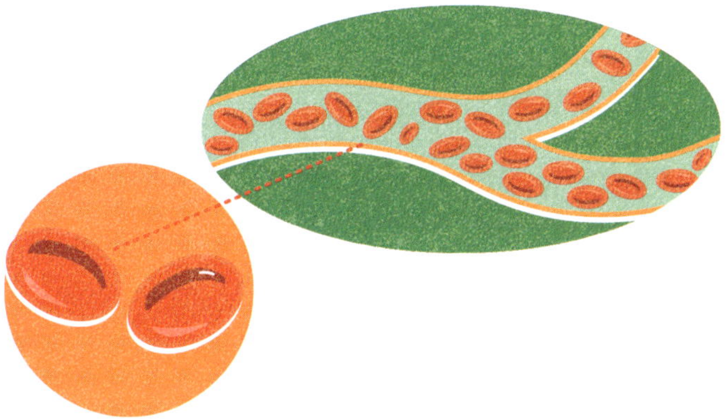

27

Co

Cobalt
Das Schlitzohr

Vor langer Zeit, in einem gar nicht weit entfernten Land, teilten die Menschen ihre Welt mit Feen, Geistern und Kobolden. Doch das Zusammenleben verlief nicht immer freundschaftlich. Mittelalterliche Grubenarbeiter hatten nicht nur einen körperlich fordernden Job, sie mussten auch in dunklen, feuchten Zechen schuften und mit den Streichen klarkommen, die die dort hausenden Kobolde mit ihnen trieben. Die Bergleute mieden die Stollen, in denen sie die Kobolde graben hören konnten. Aber diese Wesen ließen sich nicht so einfach ignorieren.

Ein Lieblingsstreich der Kobolde bestand darin, nutzlose Steine so aussehen zu lassen, als seien sie wertvoll. Sie machten die Männer glauben, sie hätten Silber gefunden, das tief im Fels begraben lag. Die Männer arbeiteten hart, um auszugraben, was sie für kostbares Silbererz hielten, und es an die Oberfläche zu holen. Dort erhitzten sie das Gestein, um an das Silber zu gelangen, aber alles, was sie fanden, war wertloses Metall. Schlimmer noch: Beim Verbrennen wurde stechender, giftiger Rauch freigesetzt. Sie verfluchten das Erz und die Kobolde, die es in den Berg gebracht hatten.

In den 1730er-Jahren untersuchte der schwedische Chemiker Georg Brandt Proben dieses Kobolderzes. Er fand keine übernatürlichen Wesen, dafür aber ein zuvor unbekanntes Element, das er Cobalt nannte. Brandt hatte versucht, die Wissenschaft vom Aberglauben zu trennen, aber der bösartige Einfluss hielt sich teilweise. Verflucht, wie Kassandra in der griechischen Mythologie,

Cobalt

Übergangsmetall

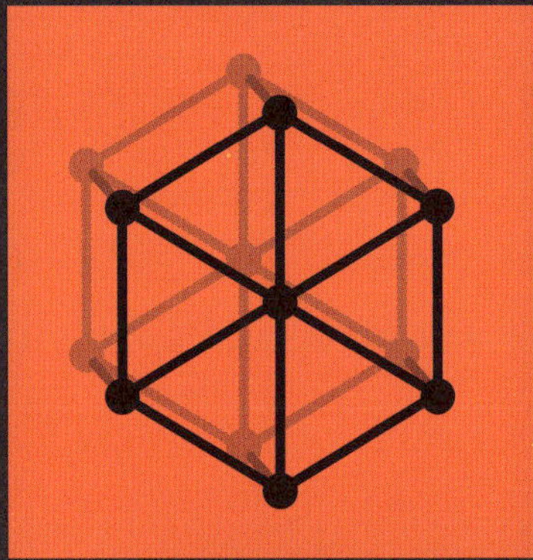

Schmelzpunkt

1495 °C

Siedepunkt

2927 °C

Gruppe	Periode
9	**4**

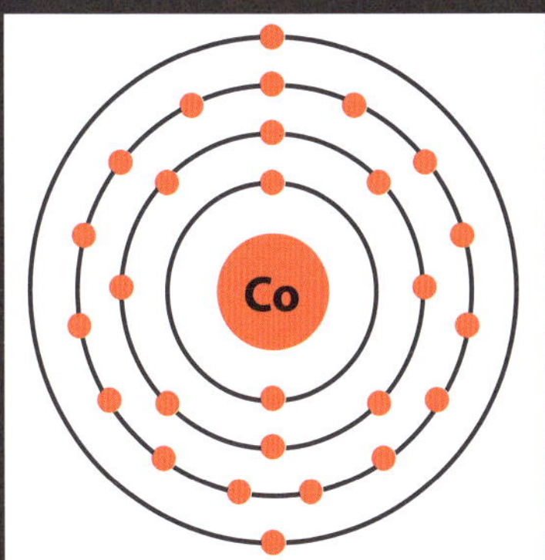

erzählte Brandt die Wahrheit über das neue Metall, aber nicht jeder glaubte ihm. Seine Entdeckung wurde erst nach seinem Tod 1768 bestätigt.

Das Erz, das die mittelalterlichen Bergarbeiter ausgegraben hatten, war ganz sicher nicht, wonach es ausgesehen hatte. Es enthielt in der Tat kein Silber, aber das Metall war auch nicht wertlos, und es war nicht das Cobalt, das sie vergiftet hatte. Die Männer hatten Smaltin abgebaut, ein Mineral aus Cobalt und Arsen. Beim Erhitzen des Materials hatten sie sich mit den frei werdenden giftigen Arsendämpfen vergiftet, nicht mit Cobalt. Das Metall hatte auch einen Nutzwert. Es konnte zur Herstellung leuchtender Pigmente verwendet werden, die Glas, Malfarben und Keramik färbten.

Dass Cobalt zur Herstellung blauer Pigmente verwendet werden konnte, war keine neue Erkenntnis. Im antiken Mesopotamien wurde blaues Glas aus Cobaltverbindungen produziert. Die Chinesen nutzten Cobalt zum Lasieren von Porzellan, genau wie die Perser und später auch die Europäer. Mit schwarzem/olivgrauem Cobaltoxid wurden Keramik und Porzellan bemalt. Im heißen Feuer des Brennofens verwandelte es sich in ein leuchtendes Blau, das auch im Laufe der Zeit nicht verblasste.

Um das 8. oder 9. Jahrhundert entwickelten die Chinesen ihre Techniken weiter und erhitzten Cobalterze mit Tonerde, um Cobaltblau herzustellen. Dennoch blieb Cobalt innerhalb des Pigments versteckt und war nicht als einzelnes Element bekannt. Rund tausend Jahre später fanden auch die Europäer heraus, wie sich Cobaltblau herstellen ließ und gingen damit in die Massenproduktion. Bald füllte die Farbe Keramikwerkstätten und Farbtöpfe. Mit ein wenig Tüftelei konnte Cobalt so verändert werden, dass es auch grüne, violette und gelbe Farben hervorbrachte. Und obgleich viele dieser Cobaltpigmente wegen ihrer Beständigkeit geschätzt wurden, war das Element doch immer noch für den ein oder anderen Streich gut.

Im 17. Jahrhundert wurden versteckte Botschaften mit unsichtbarer Tinte geschrieben. Das Geheimnis der Zusammensetzung dieser Tinte wurde erst 1700 von dem französischen Chemiker Jean Hellot gelüftet. Wenn man Cobalt in Aqua regia löste, bildeten sich rosa Cobaltchlorid-Kristalle. Diese Kristalle konnten mit Wasser und ein wenig Glycerin zu einer Tinte gemischt werden, die so gut wie unsichtbar war, wenn sie auf dem Papier trocknete. Dann konnte man eine zweite harmlose Botschaft im rechten Winkel darüberschreiben, um die darunterliegende geheime Botschaft zu verbergen. Durch Erwärmen des Papiers entwich das Wasser aus den Cobaltchlorid-Kristallen; dadurch färbten sie sich dunkelblau.

Derselbe Trick wurde in viktorianischer Zeit bei künstlichen Blumen eingesetzt, die das Wetter vorhersagen sollten. Die Blütenblätter wurden mit Cobaltchlorid bestrichen. Bei feuchtem Wetter sahen sie blassrosa aus; wenn es warm und trocken wurde, färbten sie sich violett. Stieg die Temperatur und nahm die Feuchtigkeit ab, wurde die Farbe dunkler und veränderte sich in Richtung Blau.

Aber mit Cobalt verbinden sich nicht nur Spaß und Spiel. Reines Cobaltmetall ist widerstandsfähig, korrosionsbeständig und leicht magnetisch – nützliche Eigenschaften für allerlei Anwendungen, gute wie schlechte. Während des Zweiten Weltkriegs war Cobalt in einer anderen Art von Mine enthalten. Diese küstennah verankerten explosiven Minen wurden durch Magnetfelder ausgelöst, die darüber fahrende Schiffe erzeugten. Cobalt spielt auch in der Biologie eine wichtige Rolle, kann in zu kleinen oder zu großen Mengen unserer Gesundheit aber auch schaden. Angesichts seines hinterhältigen Wesens sollten wir bei Cobalt stets auf der Hut sein.

28

Ni

Nickel
Der Alien

Alles begann damit, dass Millionen Meteoriten auf die Erde hagelten. Hätte dies irgendjemand beobachten können, es wäre ein spektakulärer Anblick gewesen. Die Eindringlinge aus dem All gruben sich in die Erde, dicht unter die Oberfläche, und warteten darauf, gefunden zu werden. Zum Glück gab es keinen Aufstand nach Art der Triffids, als die Menschen sie endlich entdeckten.

Die Menschen der Frühzeit müssen überrascht gewesen sein, als sie diese fremdartigen Objekte erstmals genauer betrachteten. Die dunklen, schweren Klumpen waren ganz anders als alles, was sie kannten, und besaßen Fähigkeiten, die denen der zeitgenössischen Technologie weit voraus waren. Sie bestanden aus einem ungewöhnlichen Metall, das unglaublich hart und beeindruckend korrosionsbeständig war. Die frühzeitlichen Menschen stellten daraus Waffen und besondere Gegenstände her, die von ihren Besitzern verehrt wurden. Dabei bemerkten sie nicht, dass ein Großteil dieses einzigartigen Metalls aus gewöhnlichem Eisen bestand. Die bessere Qualität verdankte sich einem anderen, nicht identifizierten Element.

Um 200 v. Chr. produzierten die Chinesen eine Legierung, die sie *pai-t'ung*, oder weißes Kupfer, nannten, obwohl sie keinerlei Kupfer, sondern de facto diesen außerirdischen Eindringling enthielt. Die Legierung wurde in den Mittleren Osten exportiert, von wo aus sie nach Europa gelangte, wo das außerirdische Element bereits vorhanden war.

Nickel

Übergangsmetall

Schmelzpunkt

1455 °C

Siedepunkt

2913 °C

Gruppe	Periode
10	**4**

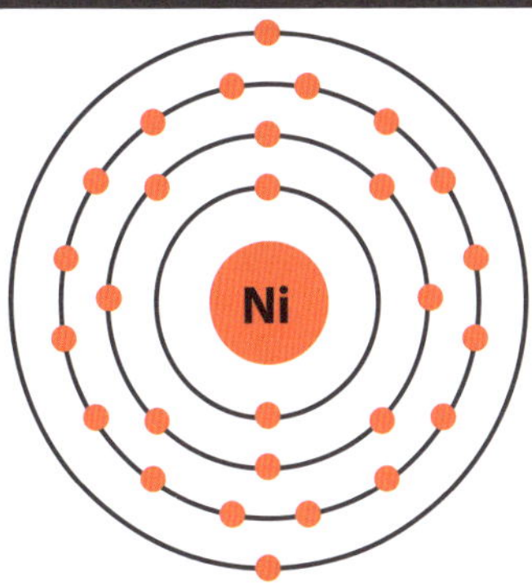

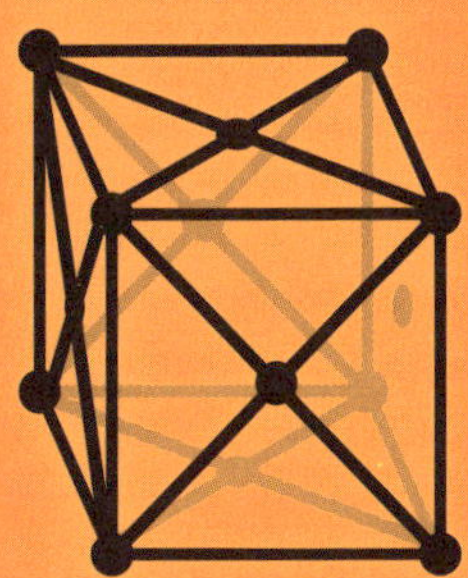

Auch in Europa hielten mittelalterliche Bergarbeiter den Eindringling für Kupfererz, aber ganz gleich, was sie taten, sie konnten kein Kupfer darin entdecken. Was sie fanden, hatte keinen eindeutigen Nutzen, außer dass es Glas grün färbte. Die Bergarbeiter nannten es Kupfernickel oder Teufelskupfer, weil der Teufel das nützliche Metall vertauschte, um die Bergleute zu verwirren.

Als der schwedische Chemiker Axel Fredrik Cronstedt das Mineral 1751 erforschte, scheiterte auch er bei dem Versuch, Kupfer zu extrahieren. Stattdessen stellte er fest, dass das Metall in dem Erz etwas Einzigartiges war, etwas, das man zuvor nicht bemerkt hatte. Er nannte es Nickel. Niemand glaubte Cronstedt; man hielt sein neues Element für eine Legierung aus mehreren bekannten Metallen. Der schwedische Chemiker Torbern Bergman setzte der Debatte 1775 ein Ende, als er einen Klumpen reinen Nickels produzierte. Der außerirdische Eindringling hatte sich endlich offenbart.

Wenngleich seine Identität nun feststand, fand Nickel doch weiterhin wenig Beachtung, vor allem weil niemand wusste, wie man es nutzen konnte. Seine fortschrittlichen Eigenschaften blieben unentdeckt, bis man 1844 mit dem Versilbern begann. Das seltsame Metall eignete sich hervorragend, um mit einer Schicht Silber überzogen zu werden. Und je mehr man es erforschte, desto mehr wusste man die technologische Überlegenheit von Nickel zu schätzen. Es wurde für Münzen, Besteck, Uhren und tausende andere Alltagsobjekte benutzt, die verlässlich und beständig sein mussten.

Allmählich drang der Alien auf Dutzende verschiedene Arten in das Leben der Menschen vor. Nickel hat uns wenig Schaden zugefügt; es war, ganz im Gegenteil, bei der Entwicklung unserer technologischen Fähigkeiten von unschätzbarem Wert. Das Element kann im Alltag auf so vielfältige Weise angewendet werden, dass es nahezu normal geworden ist. H. G. Wells wäre von diesen wohlwollenden Eindringlingen enttäuscht gewesen, allerdings wurde die verblüffendste Fähigkeit des Metalls erst nach dem Tod des Science-Fiction-Autors entdeckt.

In den späten 1950er-Jahren experimentierte der amerikanische Metallurg William J. Buehler mit einer 1:1-Mischung aus Titan und Nickel. Seine neue Legierung nannte er Nitinol, nach ihren beiden Komponenten und seinem Arbeitsplatz (Nickel, Titan, Naval Ordinance Laboratory). Er faltete Proben des Metalls ziehharmonikaförmig zusammen, um sie zu einem Managementtreffen mitzunehmen. Dort wurden die Teile von Hand zu Hand gereicht, gebogen und verdreht, um herauszufinden, ob sie brechen würden. Als der stellvertretende technische Direktor, David S. Muzzey, eine der Proben mit seinem Pfeifenanzünder erwärmte, bewegte sich das Metall zur allgemeinen Verwunderung aus eigenem Antrieb. Es verbog sich und drehte sich in seine ursprüngliche Ziehharmonikaform zurück.

Allem Anschein zum Trotz war dies kein außerirdischer Eindringling, der plötzlich aus einer tiefen Starre erwachte. Anders als die meisten Legierungen, deren Elemente willkürlich über ihre Struktur verteilt sind, sind die Nickel- und Titanatome des Nitinols in einer regelmäßig alternierenden Folge angeordnet. Als Buehlers Proben gebogen wurden, wurden die Atome leicht verschoben, wie flach liegende Dominosteine. Die Hitze brachte sie in ihre ursprünglichen Positionen zurück, und das Objekt nahm wieder seine ursprüngliche Form an.

Nickel ist kein gänzlich außerirdisches Metall, wenngleich das meiste, was für unseren alltäglichen Gebrauch abgebaut wird, vermutlich außerirdischen Ursprungs ist. Das Element war die ganze Zeit über Teil unseres Planeten, größtenteils im Erdkern versteckt. Zusammen mit Eisen produzieren seine magnetischen Eigenschaften den planetenumspannenden Schutzschild, der die gefährlich geladenen Partikel ablenkt, die unseren Planeten kontinuierlich bombardieren. Die merkwürdigen Eigenschaften von Nickel sind gleichermaßen außerirdisch und uns sehr nah.

29

Cu

Kupfer
Der Blaublütige

Müsste man mit Kupfer eine Rolle besetzen, wäre es die des fahrenden Ritters. Das Element hat eine lange, vornehme Tradition, und in seinen Adern fließt blaues Blut. Kupfer bekleidet keinen hohen Rang wie Gold oder Platin, aber zweifellos einen höheren als gewöhnliche Metalle. Es trägt seinen rosa-orangefarbenen Putz wie eine strahlende Rüstung. Seine wunderschön gefärbten Erze erinnern an alte Banner und aufwendig verzierte Ritterschilde. Und in echter Rittermanier kämpft es gegen Bösewichte.

Wie jeder Adlige besitzt Kupfer einen exzellenten Stammbaum. Seine makellose Abstammungslinie reicht zehntausend Jahre in die Geschichte der Menschheit zurück. Es gehört zu den wenigen Metallen, die in reiner Form aus dem Boden geholt werden können. Und obwohl es sich mit anderen Elementen verbindet, fühlt es sich naturgemäß zu gesellschaftlich angemessenen Verbindungen hingezogen. Kupfererze wie Malachit und Azurit (Variationen von Kupferkarbonaten) werden für ihre bunten Farben und kunstvollen Muster geschätzt. Sie wurden zu dekorativen Objekten geschliffen und zu Pigmenten zermahlen, mit denen sich die Reichen und Mächtigen in der Antike das Gesicht schminkten.

Edles Aussehen ist wichtig, aber Adel hat wenig mit Geld zu tun. Wie das Vermögen vieler Adliger hat der Wert von Kupfer im Laufe der Jahrhunderte viele Höhen und Tiefen erlebt. Kupfer wird zwar für Münzen verwendet, aber nur wenige Länder haben ihr Vermögen auf Kupfervorkommen gegründet.

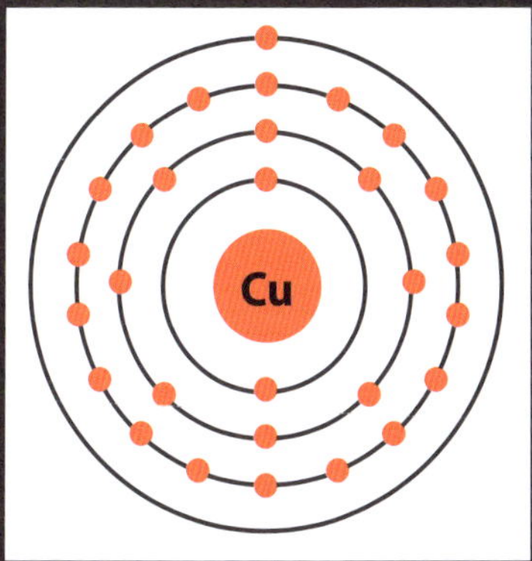

Schmelzpunkt

1085 °C

Siedepunkt

2560 °C

Gruppe	Periode
11	**4**

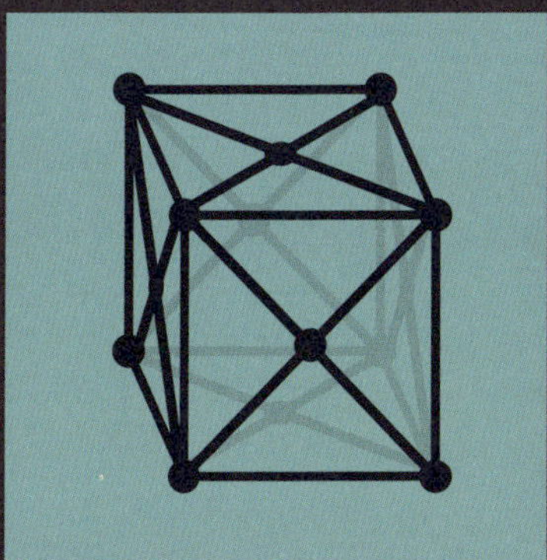

Kupfer

Übergangsmetall

Eine Ausnahme bildet Schweden, wo der Stora Kopparberget (dt. „Großer Kupferberg“) in Falun in den fast eintausend Jahren, die er kommerziell ausgebeutet wurde, so viel Metall lieferte, dass er mehrere Kriege finanzierte. Im 18. Jahrhundert befriedigte diese eine Mine ein Drittel des europäischen Kupferbedarfs.

Kupfer wurde nicht nur für Make-up-Produkte verwendet, mit denen die Adligen ihre Gesichter verschönerten, es gibt auch dem Blut des Kaisers seine blaue Farbe. Der fragliche Kaiser ist der Kaiserskorpion (Pandinus imperator), dessen blaues Blut, genau wie das anderer Glieder- und Kopffüßer, von dem Kupfer herrührt, mit dem es Sauerstoff transportiert. Kupferatome werden paarweise in das Enzym Hämocyanin aufgenommen, so benannt wegen der blauen Farbe, die es annimmt, wenn es sich mit Sauerstoff verbindet. Doch der Kaiserskorpion trägt seinen Titel nicht wegen seines blauen Bluts, sondern vielmehr wegen seiner eindrucksvollen Gestalt. Er ist der größte aller Skorpione, und seine schwarze, vom Kopf bis zum Stachel reichende Rüstung hat einen metallisch-grünen Glanz.

Bei allen Menschen, ob Fürst oder Bettler, spielt das Basismetall Eisen für das Sauerstoff transportierende System eine bedeutende Rolle: Es gibt unserem Blut seine charakteristische rote Farbe. Das Hämoglobin, das größtenteils aus Eisen besteht, ist effizienter als das kupferhaltige Hämocyanin, das durch den Körper des Kaiserskorpions fließt. Bei niedrigeren Temperaturen oder geringerem Sauerstoffvorkommen allerdings arbeitet Hämoglobin weniger gut. Menschliche Adlige, die behaupteten, blaues Blut zu haben, logen. Sie machten sich ihre blasse Hautfarbe zunutze, durch die man die blauen Adern unter der Hautoberfläche besonders gut sehen konnte. Es ist ein Trick des Lichts, das durch die Haut und das Fett dringt und die Adern blau aussehen lässt.

Wir Menschen haben vielleicht kein blaues Blut, dafür hilft Kupfer uns beim Atmen. Die Enzyme in unseren Zellen, die uns helfen, den Sauerstoff so zu verarbeiten, dass er Energie freisetzt, sind auf Kupfer angewiesen. Und Kupfer hilft uns auf viele weitere Arten. Als Bedachungsmaterial schützt es uns vor Regen. Als Verkleidung von Schiffsrümpfen bewahrt es uns vorm Untergehen, denn das Metall hält Seepocken davon ab, sich an dem darunterliegenden Holz festzusetzen und es zu zerstören. Kupferbeschläge zu haben bedeutet, verlässlich oder vertrauenswürdig zu sein, Eigenschaften, auf die jeder fahrende Ritter stolz wäre. Zudem bietet Kupfer, in echter Rittertradition, auch unserem ältesten Feind die Stirn: den Bakterien. Wenn sich Bakterien auf Kupferoberflächen ansiedeln, werden sie getötet. Wenn wir Kupfer also für Münzen verwenden und Klimaanlagen damit auskleiden, hilft es uns, unseren Feind zu besiegen.

Doch genau wie der berühmteste fahrende Ritter, Don Quixote, seinen Verstand verliert, nachdem er zu viele Ritterromane gelesen hat, kann auch zu viel Kupfer schlecht sein. Eine Kupferüberdosis mündet vielleicht nicht in einen Kampf gegen Windmühlen, kann aber dem Körper ernsten Schaden zufügen.

Don Quixote parodierte die Vorstellung eines Goldenen Zeitalters des Rittertums. Auch das romantische, in präraffaelitischen Gemälden dargestellte Ideal von Rittern, die um Frauen mit kupferfarbenem Haar werben, hat nie wirklich existiert. Heute können Ritter das Herz ihrer Angebeteten nicht dadurch gewinnen, dass sie Turniere kämpfen oder sich auf die Suche nach dem heiligen Gral begeben. Kupfer jedoch ist ganz sicher nicht in Ungnade gefallen. Altmodische Eigenschaften wie Reinheit und Witterungsbeständigkeit machten es zu einer guten Wahl für Rohre. Kürzlich entdeckte Eigenschaften wie seine hervorragende elektrische Leitfähigkeit haben dazu geführt, dass das Metall heute mehr denn je nachgefragt wird.

30

Zn

Zink
Das Mauerblümchen

Zink wird von den meisten Menschen übersehen. Als eines der Übergangsmetalle, die eine überschwängliche, charismatische Familie bilden, würde man erwarten, dass es stärker auffällt. Aber selbst in einer Familie von Extrovertierten gibt es jene, die weniger hell leuchten oder weniger laut rufen. Diese Individuen sind immer da, aber irgendwie gelingt es ihnen, sich im Hintergrund zu halten, auch wenn sie direkt vor einem stehen.

Versteckt in der äußersten rechten Ecke des Familienzweigs der Übergangsmetalle steht Zink im Schatten seiner charismatischen Verwandten. Im Vergleich zu seinen Cousins Gold, Kupfer und Quecksilber hat reines Zink ein eher uninteressantes Äußeres. Die anderen Übergangsmetalle sind für ihre farbenfrohen Verbindungen bekannt. Zink dagegen verfügt über eine sehr viel reduziertere Palette, die von farblos bis weiß reicht. Die Anordnung seiner Elektronen macht Zink zu einem konservativeren Element als seine Geschwister. Das heißt nicht, dass Zink nicht eine unglaubliche Vielzahl an Anwendungsmöglichkeiten gefunden hätte, es macht nur nicht so viel Aufhebens darum. Aufgrund dieses unprätentiösen Verhaltens wird es leicht übersehen.

Offiziell „entdeckt" wurde Zink 1746 von dem deutschen Chemiker Andreas Sigismund Marggraf. Zu dem Zeitpunkt war es allerdings schon seit mindestens 600 Jahren abgebaut und veredelt worden; Zinkerze hatte man schon Jahrtausende zuvor genutzt. Es gibt Funde aus der Zeit um 2500 v. Chr., die zu 90 Prozent aus Zink bestehen. Im Bronzezeitalter verarbeiteten die Menschen

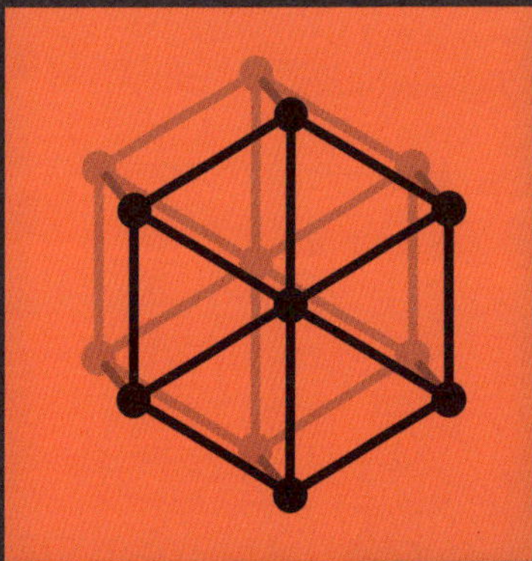

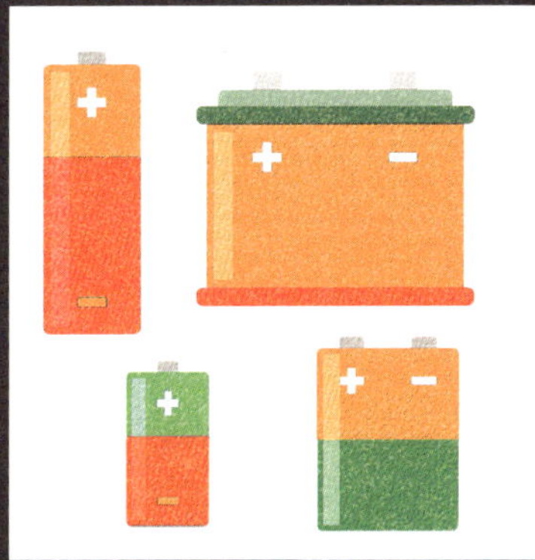

Schmelzpunkt

420 °C

Siedepunkt

907 °C

Gruppe	Periode
12	**4**

Zink

Übergangsmetall

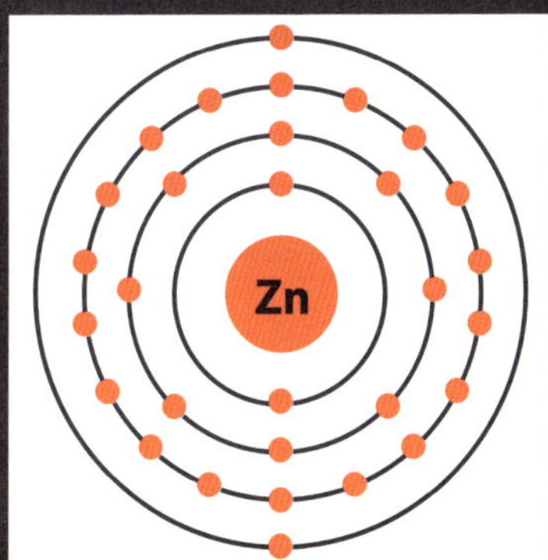

Zink- und Kupfererze zu Messing. Der griechische Philosoph Strabo, der im 1. Jahrhundert v. Chr. lebte, schrieb über „falsches Silber", ein Metall, das sich von Messing unterschied. Und doch schenkte niemand dem Metall so viel Beachtung, dass man ihm einen eigenen Namen gegeben oder sich die Mühe gemacht hätte, es als etwas Eigenes, Einzigartiges anzuerkennen.

Eine Fehlbestimmung oder das Unvermögen, die Zusammensetzung von Metallen in Legierungen zu verstehen, ist das eine, aber vier Jahrhunderte Zinkproduktion, die geschätzt eine Million Tonnen Zink hervorbrachte, einfach zu ignorieren, ist eine ganz andere Sache. In Indien wurde Zink um das 14. Jahrhundert herum als eigenes Metall anerkannt. Die Europäer brauchten weitere 300 Jahre, um zu bemerken, was direkt vor ihren Augen lag. Aus Indien trafen ganze Schiffsladungen mit Zink ein, und Alchemisten verbrannten das Metall, um Zinkoxid zu produzieren, das sie charmanterweise „Philosophenwolle" nannten. 1668 isolierte der flämische Metallurg P. M. de Respour das Metall. Wenige Jahrzehnte später tat der französische Chemiker Geoffroy der Ältere es ihm gleich und präsentierte die Entdeckung in seinen Schriften als etwas Neues. 1743 produzierte ein im englischen Bristol ansässiger Zinkschmelzer jährlich 200 Tonnen Zink. Doch die aufregenden Entdeckungen oder Wiederentdeckungen blieben folgenlos.

Marggrafs größte Errungenschaft im Jahr 1746 war, dass er Zink die seit Langem überfällige Anerkennung zollte. Nachdem die Menschen endlich begonnen hatten, Zink als das wahrzunehmen, was es war, wurde ihnen bewusst, wie blind sie gewesen waren. Zink mag ein sehr unscheinbares Element sein, aber es ist unglaublich nützlich.

Zinkmetall lässt sich leicht bearbeiten und ist wetterbeständig. Es kann zum Schutz von Eimern, Booten und Gebäuden eingesetzt werden. Die markante Architektur der Stadt Paris, die so viele impressionistische Maler im Bild festhielten, ist durch Zinkdächer gekennzeichnet. Die Farben, mit denen die Impressionisten arbeiteten, enthielten Zinkoxid, ein leuchtend weißes Pigment, das auch für Kosmetik, Papier und Sonnenschutzmittel verwendet wird. In Verbindung mit anderen Metallen lassen sich mit Zink Messing, verzinkter Stahl und allerlei andere nützliche Legierungen herstellen. In Verbindung mit Kupfer wurde Zink vor mehr als 200 Jahren für die ersten Batterien verwendet – und wird es bis heute.

Die Liste der Einsatzmöglichkeiten von Zink wird immer länger und das ohne viel Aufhebens. Im Hinblick auf seine Umweltverträglichkeit gibt es bei Zink keine größeren Bedenken. Sein weitverbreiteter Einsatz in der Industrie ruft nur wenige Sorgen hervor. Der persönliche und häusliche Gebrauch von Zink muss niemandem schlaflose Nächte bereiten. Das liegt daran, dass Zink in biologischen Systemen noch erfolgreicher ist.

Die Menschen hatten dem Zink so wenig Beachtung geschenkt, dass erst 1869 jemand die Vermutung äußerte, es könnte für die Gesundheit eine wesentliche Rolle spielen, zumindest für einige Pilze. In den 1920er-Jahren überlegten Wissenschaftler, ob das Zink, das sie in menschlichem Gewebe gefunden hatten, einfach aus der Umwelt absorbiert worden war oder tatsächlich eine Funktion erfüllte. Heute wissen wir, dass Zink für das Leben nicht nur wesentlich ist, es ist auch omnipräsent. Der menschliche Körper enthält tausende Zink-abhängige Enzyme, die uns beim Verdauen, bei der Fortpflanzung, beim Atmen und Denken helfen. Manchmal steht es im Mittelpunkt der Prozesse, manchmal hat es nur eine strukturelle Funktion, aber es ist immer wichtig. Zink ist das verkörperte Understatement.

31

Ga

Gallium
Der Frankophile

Das Erscheinen von Gallium war vorhergesagt worden, und zwar von keinem Geringeren als dem Chemiepropheten Dmitri Mendelejew. Die Aufnahme von Gallium in die periodische Familie war ein wichtiger Moment der Wissenschaft, ging aber nicht mit der Beweihräucherung einher, die manch einer für angemessen gehalten hätte. Stattdessen gab es öffentliche Zänkereien und Streiche, die manchem Wissenschaftler-Ego zusetzten. Zudem hatte Gallium ein paar Tricks im Ärmel, mit denen es alle in Erstaunen versetzte.

Als Mendelejew sein Periodensystem entwarf, bemerkte er, dass es Lücken enthielt. Er war sicher, dass diese fehlenden Elemente nur noch nicht entdeckt worden waren. Daher veröffentlichte er seine Tabelle mit Anmerkungen dazu, um was für Elemente es sich bei den fehlenden handeln könnte, und gab Hinweise darauf, wo sie gefunden werden könnten. Element 31 müsste viel Ähnlichkeit mit Element 13, Aluminium, haben, da beide Mitglieder derselben chemischen Familie waren. Es könnte in Aluminiumerzen enthalten sein, und tatsächlich findet sich dort viel Gallium.

1875 untersuchte Paul-Émile Lecoq de Boisbaudran ein Zinkerz, als er in dessen Kristallen Anzeichen für ein weiteres Element entdeckte. Es gelang ihm, aus der Mischung ein Metall zu isolieren, von dem er annahm, dass niemand zuvor es gesehen hatte. Daher gab er die Entdeckung eines neuen Elements bekannt, das er in einem Anflug von Nationalstolz Gallium nannte, nach Gallia, dem lateinischen Namen seines Geburtslands Frankreich.

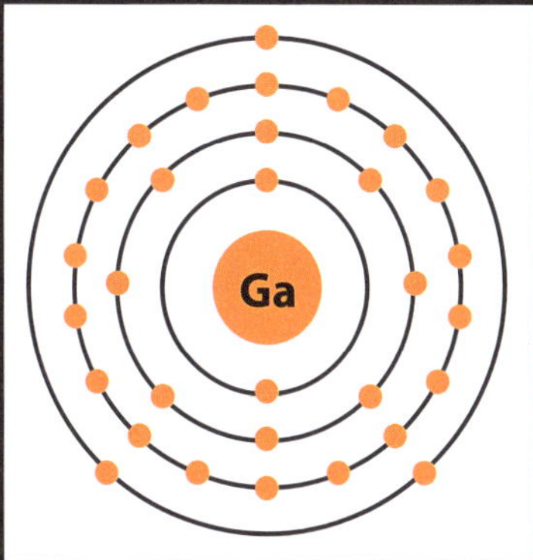

Gallium

Borgruppe

Schmelzpunkt

30 °C

Siedepunkt

2229 °C

Gruppe	Periode
13	**4**

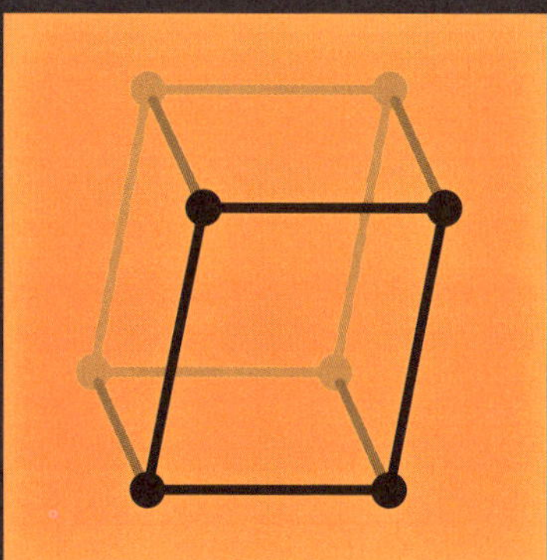

Nicht jeder war von Boisbaudrans Patriotismus überzeugt. Einige hielten seinen Stolz eher für selbstbezogen und beschuldigten ihn, den Namen Gallium nicht von Gallia abgeleitet zu haben, sondern von *gallus*, dem lateinischen Wort für „Hahn", in dem Bestreben, vielmehr sich selbst, Lecoq (frz. für „der Hahn"), zu ehren als sein Land. Einen so unverhohlenen Egoismus konnte die Wissenschaftsgemeinde nicht tolerieren. Lecoq wurde gezwungen zu leugnen, je eine Verbindung zu seinem eigenen Namen in Betracht gezogen zu haben. Und das war nicht sein einziges Problem.

Als Lecoq seine Entdeckung machte, kannte er Mendelejews Tabelle nicht. Nachdem der Franzose über die Entdeckung von Gallium berichtet hatte, versuchte Mendelejew, sie für sich zu beanspruchen, da er ja die Existenz des Elements und viele seiner Merkmale vorausgesagt hatte. Lecoq machte sehr deutlich, dass er die harte Arbeit geleistet und deshalb ein Anrecht auf das Ansehen hatte. Er verstieg sich sogar zu der Behauptung, dass ein obskurer französischer Chemiker und nicht der Russe Mendelejew als Erster eine Tabelle der chemischen Elemente angefertigt habe. Mendelejew wollte nichts davon wissen.

Der russische Chemiker war ganz klar der Erfinder des Periodensystems, aber er räumte ein, dass Lecoq der Entdecker von Gallium war. Dennoch wollte er beweisen, dass er über das Element mehr wusste als Lecoq, ohne es je gesehen zu haben. Nachdem er die veröffentlichten Daten sorgfältig studiert hatte, bemerkte Mendelejew, dass die angegebenen Werte für die Dichte und das Gewicht von Gallium erheblich kleiner waren, als er vorhergesagt hatte. Also schrieb er Lecoq, um ihm mitzuteilen, dass seine Probe kein reines Gallium war und er sie veredeln müsse.

Lecoq ging wieder ins Labor und musste, sicherlich mit einigem Verdruss, feststellen, dass die Analyse einer Probe reinen Galliums Mendelejews Position erhärtete. Die wahre Dichte und das wahre Gewicht entsprachen dem, was der Russe vorhergesagt hatte. Doch Mendelejew hatte nicht alles vorhergesehen. Dieses Element hielt für jeden Überraschungen bereit.

Gallium besitzt zweifellos chemische Merkmale, die denen von Aluminium gleichen, wie Mendelejew vorhergesagt hatte. Aber es hatte auch gewisse Ähnlichkeit mit Zink, wie Lecoq herausfand, und kann ein weiteres Element, Quecksilber, passabel imitieren. Aufgrund seines niedrigen Schmelzpunkts verwandelt sich Gallium auf der Handfläche in eine silbrige Flüssigkeit. Chemiker konnten einander Streiche spielen, indem sie Löffel aus Gallium reichten, die schmolzen, wenn der Kollege damit seinen Tee umrührte. Außerdem bleibt Gallium über eine größere Temperaturspanne flüssig als fast jede andere

Substanz, was es in Hochtemperatur-Thermometern zu einem weniger giftigen Substitut für Quecksilber macht.

Innerhalb des Körpers könnte Gallium auch mit Eisen verwechselt werden, da es von eisenhaltigen Enzymen aufgenommen wird, die für das alltägliche Wachstum und Reparaturen benötigt werden. Eine solche Verwechslung kann zu einer gestörten Zellregulation und Replikation führen. Das ist nicht zwangsläufig so verheerend, wie es scheinen mag. Krebszellen brauchen viele dieser eisenhaltigen Enzyme, um ihren veränderten Stoffwechsel und ihr schnelles Wachstum zu unterstützen. Daher werden Gallium-haltige Medikamente in diesen Krebszellen konzentriert, um dem Tumor einen Strich durch die Rechnung zu machen.

Bei aller Selbstgewissheit kann Mendelejew nicht gewusst haben, dass Gallium so leicht schmilzt oder dass seine toxischen Eigenschaften zur Heilung des Körpers beitragen können. Lecoq ließ sich von seinen Fehlern der Vergangenheit nicht abschrecken und entdeckte noch zwei weitere Elemente (Samarium und Dysprosium), für die er aber wohlweislich weniger kontroverse Namen auswählte.

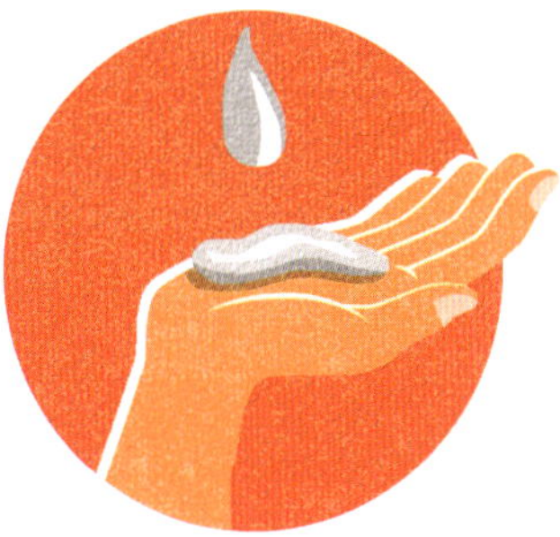

33

As

Arsen
Der Giftmischer

Arsen ist der Goldstandard unter den chemischen Mördern. In der Literatur wie in der Wirklichkeit wurde es eingesetzt, um reiche Verwandte, Rivalen oder Unschuldige, die den eigenen Ambitionen im Weg standen, ins Jenseits zu befördern. Arsen kommt reichlich vor, ist geschmacklos und die Symptome einer Arsenvergiftung können leicht mit natürlichen Ursachen verwechselt werden. Es mag wie die perfekte Waffe wirken, doch sein reichlicher Einsatz im 19. Jahrhundert führte zur Entwicklung eines einfachen, verlässlichen und sehr empfindlichen Tests. Es begründete die forensische Toxikologie und durchkreuzte die Pläne vieler potenzieller Giftmörder.

Dank des Tests wurden mehr verdächtige Todesfälle vor Gericht gebracht. Die Angeklagten mussten nun erklären, wie eine tödliche Dosis Arsen ihren Weg in den Körper ihres nächsten und reichsten Verwandten gefunden hatte. Manche behaupteten einfach, das unglückliche Opfer müsse es gegessen haben. Um dann mit einem Schulterzucken erklärend hinzuzufügen, dass es offensichtlich zu viel gegessen habe. Das war nicht einfach nur eine dreiste Behauptung. Trotz seiner wohlbekannten Toxizität nahmen viele Menschen im viktorianischen Zeitalter tatsächlich bewusst Arsen zu sich.

Es mag merkwürdig wirken, dass ein Element, das normalerweise als Rattengift eingesetzt wurde, für den Verzehr als sicher galt. Vielleicht verließen sich die Menschen auf den Rat des bekannten Naturphilosophen und Vaters der Toxikologie, Paracelsus, der im 16. Jahrhundert erklärt hatte, die Dosis

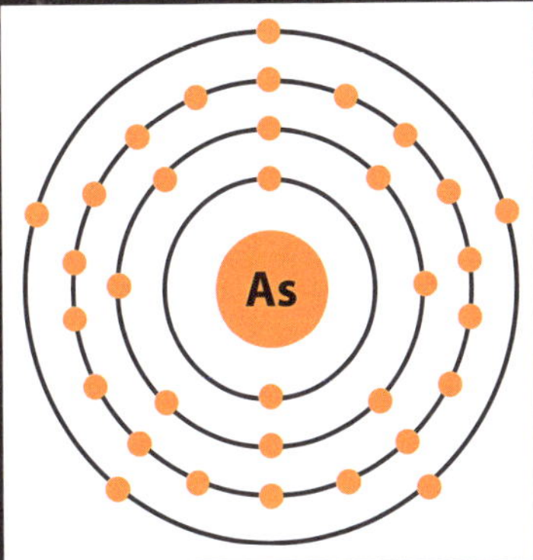

Schmelzpunkt

817 °C

Siedepunkt

614 °C

Gruppe	Periode
15	**4**

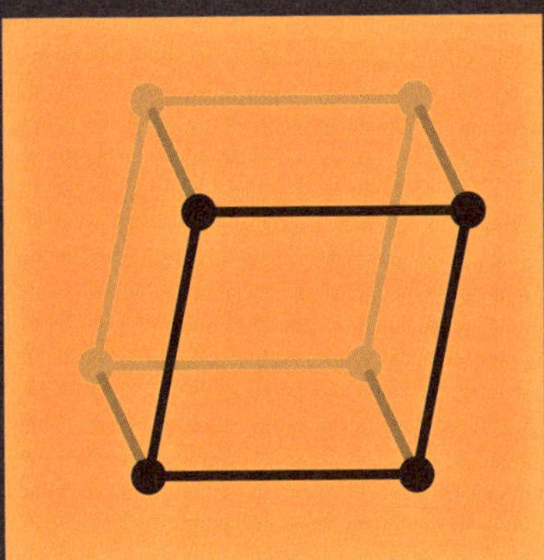

Arsen

Stickstoffgruppe

mache das Gift. Damit lag er nicht falsch, aber die Menschen im viktorianischen Zeitalter interpretierten dies besonders großzügig.

Das Phänomen des Arsenverzehrs nahm seinen Ausgang in der Steiermark, einer Gebirgsregion in Österreich. Menschen, die in großer Höhe oder in Bergwerken tief unter der Erde harte körperliche Arbeit verrichteten, fanden heraus, dass sie leichter atmen konnten, wenn sie winzige Dosen Arsen zu sich nahmen. Zwei bis drei Mal pro Woche zermahlten sie ein reiskorngroßes Stückchen zwischen den Zähnen oder verrieben es auf Brot. Außerdem stellten diese Männer fest, dass das Arsen sie muskulöser und attraktiver aussehen ließ. Bald darauf fand es als Schönheitsmittel Einsatz. Frauen begannen Arsen zu schlucken, weil ihre Körper davon schöne Rundungen erhielten. Und nicht nur das: Männer wie Frauen bekamen einen makellosen Teint und dickes glänzendes Haar. Sie alle schienen sich bester Gesundheit zu erfreuen, und so verbreitete sich die Praxis bald über ganz Europa.

Hersteller, die aus der Mode finanziellen Nutzen ziehen wollten, begannen, Seifen und Gesichtslotionen sowie Stärkungsmittel mit Arsen zu versetzen. Wer sich keine arsenhaltigen Markenschönheitsprodukte leisten konnte, stellte eigene her, mit aufgeweichtem Fliegenfänger-Papier oder aufgelöstem Rattengift. Diese Mittel ließen sie zwar gut aussehen, aber das war eine Illusion: Die klare Gesichtshaut rührte daher, dass Arsen die Bakterien abtötete, die normalerweise für Flecken und Schönheitsfehler sorgten. Die schönen Muskeln und Kurven waren Ödeme, also Wasseransammlungen im Körper, frühe Anzeichen dafür, dass etwas nicht stimmte. Das glänzende Haar erklärte sich dadurch, dass Arsen eine starke Verbindung mit seinem Lieblingselement Schwefel einging, das in Haar und Haut reichlich vorkommt.

Das Problem war Arsens Liebe zu Schwefel. Da Schwefel in unserem Körper reichlich vorkommt, kann sich Arsen dort leicht anreichern. Schon kleine Mengen, die sich im Laufe der Zeit im Körper ansammeln, rufen alle möglichen Probleme hervor. Schwefelatome in Proteinen und Enzymen halten diese Moleküle gleich einem molekularen Klettband in einer bestimmten Form, damit sie ihre Arbeit verrichten können. Wenn Arsen ihnen im Weg steht, arbeiten die Enzyme nicht so gut. Je nachdem, welche Enzyme betroffen sind, variieren die Symptome, aber die Anhäufung von Arsen im Körper führt letztlich zum Verlust der Vitalfunktionen und zum Tod.

Die Arsen-Esser in der Steiermark konnten sich nicht ewig an ihrem guten Aussehen freuen. Irgendwann wurden ihre blassen Pfirsichgesichter von dunklen Flecken und rauer, schuppiger Haut verunstaltet. Und auch wenn sie die

stärker sichtbaren Folgen einer chronischen Arsenvergiftung noch verhindern konnten, war ihre Zeit irgendwann abgelaufen.

In der Steiermark gab es nur begrenzten Platz für Beerdigungen, daher wurden die Gräber nur kurzzeitig belegt. Jahre nach dem Tod wurden die Gräber erneut ausgehoben und die Knochen in ein Beinhaus überführt, um Platz zu schaffen. Wenn ein Körper mit viel Arsen angereichert ist, tötet dieses die Bakterien ab, die normalerweise für die Zersetzung sorgen. Aus Mitteleuropa kamen daher Geschichten von Körpern, die perfekt konserviert in ihren Gräbern lagen. Auf diese Weise hat Arsen wohl auch zu den Geschichten von Untoten beigetragen – ein weiterer Posten auf seiner langen Liste der Schrecken.

34

Se

Selen
Der Übelriechende

Wir alle haben diese Freunde, die wir über alles lieben, aber aufgrund ihrer starken Persönlichkeit nur begrenzt ertragen. Verbringen wir zu viel Zeit in ihrer Gesellschaft, beginnen wir uns zu fragen, warum wir eigentlich Freunde geworden sind, aber wenn wir sie eine Weile nicht sehen, fehlen sie uns. Ein solcher Freund ist Selen: kleine Menge, große Wirkung.

Selen ist eng verwandt mit Schwefel und kann daher leicht in dessen chemische Rolle schlüpfen. Die Aminosäuren, die Schwefelatome enthalten (Cystein und Methionin) und für unsere Gesundheit wesentlich sind, können an derselben Stelle auch Selenatome unterbringen; diese werden aber nicht auf genau dieselbe Weise eingesetzt. Aminosäuren, die statt eines Schwefelatoms ein Selenatom enthalten, sind in einigen sehr wichtigen Enzymen verbaut. Eines davon, Deiodinase, fördert die Hormonproduktion in der Schilddrüse. Ein anderes, Glutathion-Peroxidase, beschützt uns vor einer kleinen, aber nicht unerheblichen und allgegenwärtigen Bedrohung: Winzige Mengen Wasserstoffperoxid kommen im Wasser natürlich vor. Im Körper können diese Peroxidmoleküle gefährlich reaktive Sauerstoffarten ausbilden. Selen-basierte Peroxidase bricht Peroxide auf, bevor sie Schaden anrichten können.

Die Bedeutung von Selen lässt sich am besten daran ablesen, was passiert, wenn es nicht in ausreichender Menge vorhanden ist. Selenmangel wurde mit Fruchtbarkeitsproblemen in Verbindung gebracht. Auch zwischen dem Selengehalt im Blut und der Immunantwort des Körpers wurde ein Zusam-

Selen

Sauerstoffgruppe

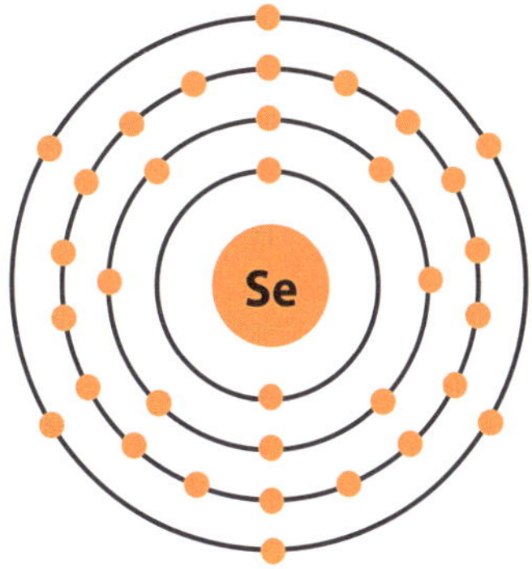

Schmelzpunkt

221 °C

Siedepunkt

685 °C

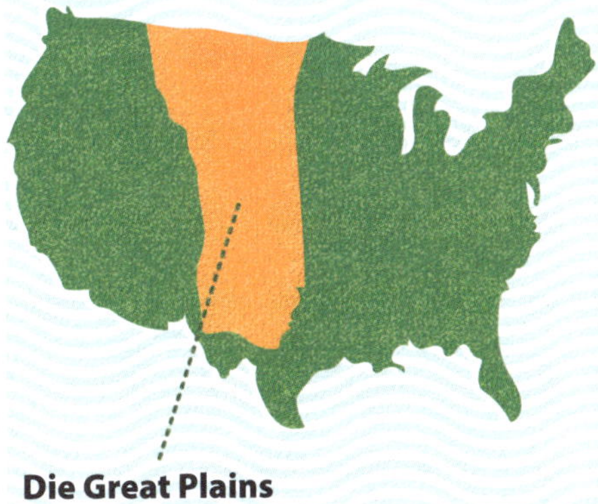

Gruppe	Periode
16	**4**

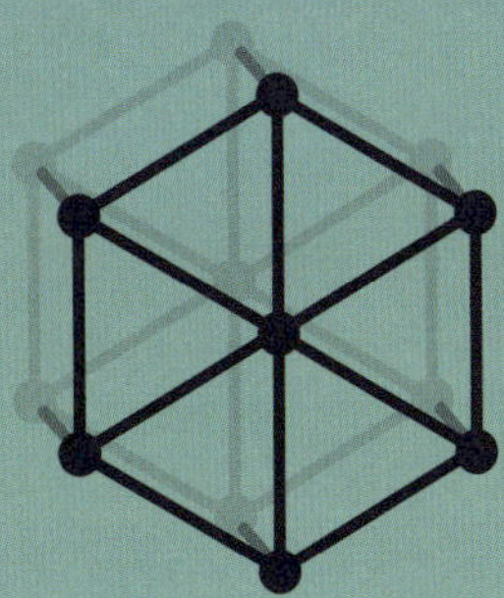

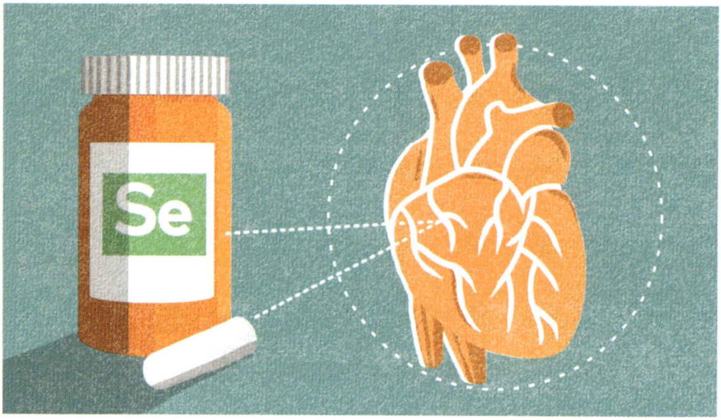

menhang entdeckt. Die Keshan-Krankheit verursacht eine Herzschwäche. Bei der Kaschin-Beck-Krankheit handelt es sich um eine deformierende Arthrose. Beide Erkrankungen werden mit einem Selenmangel in Verbindung gebracht, der das Immunsystem schwächt und Krankheitserregern den Zugang zum Körper erleichtert. Der Verlauf einer Infektion mit dem humanen Immundefizienz-Virus (HIV) kann aufgrund des Selengehalts im Blut vorhergesagt werden. Ein Abfall des Selenlevels bedeutet eine schlechte Prognose.

Selenreiche Nahrung zu sich zu nehmen, trägt sicher dazu bei, den Selengehalt im Blut aufgefüllt und selenbasierte Enzyme auf einem optimalen Level zu halten. Unsere tägliche Selendosis erhalten wir über Brot, Brokkoli, Paranüsse und viele andere Lebensmittel. Noch wichtiger allerdings ist, wo diese Nahrungsmittel angebaut wurden. Selen ist nicht gleichmäßig über die Welt verteilt. Die Böden in der chinesischen Region Keshan weisen einen außergewöhnlich niedrigen Selengehalt auf. Die Great Plains in Nordamerika dagegen sind mit reichlich Selen gesegnet. Ein Großteil Europas liegt irgendwo zwischen diesen beiden Extremen.

Eine so unzuverlässige Zufuhr könnte eine Empfehlung für Selen-Nahrungsergänzungsmittel sein. In manchen Regionen, in denen Selen Mangelware ist, wird es denn auch dem Tierfutter und Düngemitteln beigemischt. Man könnte auch versucht sein, die eigene Selenaufnahme zu erhöhen. Aber wer nun gleich in den nächsten Drogeriemarkt eilen will, um Selenpräparate zu kaufen, sollte sich vorher ein paar Dinge klar machen.

Selen mag viel Ähnlichkeit mit Schwefel haben, aber es gibt auch bedeutende Unterschiede. Wir Menschen haben rund 140 Gramm Schwefel in unserem Körper; unsere Selentoleranz dagegen ist zehntausend Mal geringer.

Die maximal empfohlene Selen-Tagesdosis liegt bei 450 Mikrogramm. Mehr als das ist zu viel. Der Körper versucht dann, das überschüssige Selen loszuwerden, indem er es in flüchtige Selenverbindungen umwandelt, die ausgeatmet und ausgeschwitzt werden. Die Menschen, die einem am nächsten und liebsten sind, werden die Ersten sein, die die ersten und offensichtlichsten Anzeichen für eine Selenvergiftung bemerken: schlechten Atem und Körpergeruch, die sich auch mit noch so viel Zahnpasta und Seife nicht lindern lassen. Und man muss Selen nicht unbedingt essen, um Probleme zu bekommen.

Jöns Jacob Berzelius entdeckte Selen 1817. Das Extraktionsverfahren und die Tests, die er zur Identifizierung des Elements durchführte, setzten ihn giftigen Mengen aus. Daraufhin sah sich seine Haushälterin genötigt, ihren Arbeitgeber auf seinen widerwärtigen Mundgeruch anzusprechen. Sie warf ihm vor, viel zu viel Knoblauch zu essen, eine Pflanze, die viele geruchsintensive Schwefelverbindungen enthält.

Schwefel und Selen gehören derselben chemischen Familie an, der Sauerstoffgruppe, verfügen aber beide auch über die Fähigkeit, einen erstaunlichen Gestank zu produzieren. Der bekannte Neurologe Oliver Sacks, der in seiner Jugend ein begeisterter Amateurchemiker war, nannte sie aufgrund der unvergesslichen Experimente, die er mit einigen ihrer Verbindungen durchführte, „Stinkogene“ (eine Verfremdung von *chalcogens*, wie die Sauerstoffgruppe im Englischen heißt). „Wenn schon der Gestank von Schwefelwasserstoff scheußlich war, der von Selenwasserstoff war noch hundertmal schlimmer – ein unbeschreiblich entsetzlicher, widerlicher, Ekel erregender Gestank, der bei mir Hustenanfälle und Tränen auslöste.“

Schon der Geruch ist also Warnung genug, dass Selen nur in moderaten Mengen konsumiert werden sollte. Aber es geht noch schlimmer: Zu viel Selen kann bewirken, dass einem die Haare ausfallen, sich die Nägel ablösen und Nerven beschädigt werden. Das erinnert uns daran, dass zu viel des Guten etwas Schlechtes sein kann.

35

Br

Brom

Der Einschläfernde

Brom wirkt irgendwie retro. Vielleicht liegt es an der Farbe. Vielleicht auch daran, dass eine bekannte Geschichte zu diesem Element aus der Zeit der Weltkriege im frühen 20. Jahrhundert stammt. Brom hat ein paar ruhmreiche Dekaden erlebt, bevor es wie ein alternder Filmstar mehr und mehr in Vergessenheit geriet.

Einen Höhepunkt seiner Laufbahn erlebte Brom, als es in den 1940er-Jahren in einem Broadway-Musical auftauchte. Eine Songzeile von Rodgers und Harts *Pal Joey* erwähnt Bromo-Seltzer, damals ein bekanntes Mittel gegen schlaflose Nächte und überspannte Nerven. Der Song heißt *Bewitched, Bothered and Bewildered* (dt. verzaubert, beunruhigt, verwirrt), und obwohl es darin um eine Frau geht, die in einen jungen Mann vernarrt ist, passt der Songtitel ebenso gut auf das im Songtext erwähnte Brom.

Brom verzaubert aufgrund seiner uncharakteristischen Merkmale. Es ist eines von nur zwei Elementen, die bei normaler Raumtemperatur und normalem Luftdruck flüssig werden (das andere ist Quecksilber). Außerdem hat es auch eine intensive Farbe, was bei reinen Elementen sehr selten vorkommt. Seine orange-braune Färbung gleicht einem starken Sepia-Ton und trägt möglicherweise zu der Aura des Altmodischen bei, die das Element umgibt. Doch bevor wir uns vom warmen, unscharfen Schein der Nostalgie übermannen lassen, sollten wir uns erst mit dem zweiten Teil des Songtitels befassen: „beunruhigt“.

Brom

Halogene

Schmelzpunkt

–7 °C

Siedepunkt

59 °C

Gruppe	Periode
17	**4**

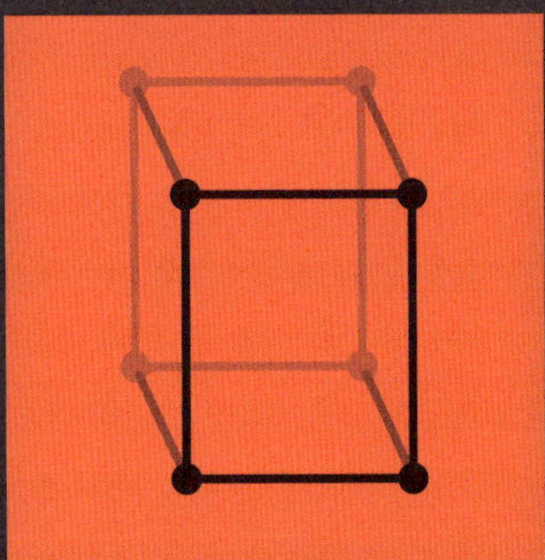

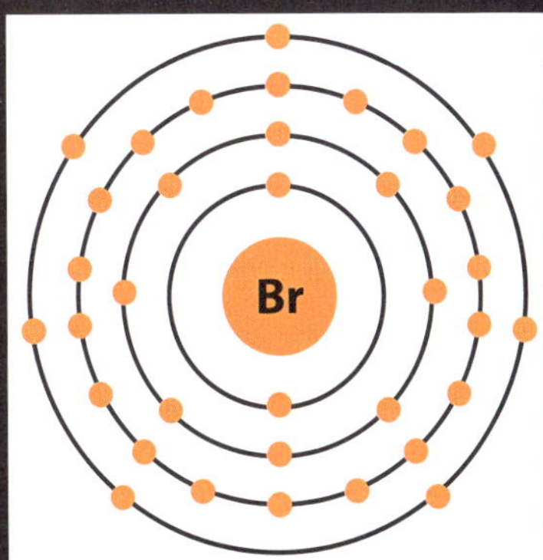

Der Familie der Halogene, zu der Brom gehört, eilt ein bestimmter Ruf voraus. Fluor und Chlor sind für ihre zerstörerischen Fähigkeiten bekannt. Brom reiht sich in diese Familientradition ein, wenn auch mit weniger Leidenschaft als seine Geschwister. Wie andere Halogene sehnt sich Brom nach einem zusätzlichen Elektron, mit dem es seine äußere Schale vervollständigen möchte. Es ist jedoch größer und schwerfälliger als Fluor oder Chlor und hat auch nicht dieselbe entschiedene Zugkraft. Doch wenngleich es nicht in derselben Liga spielt, hat Brom doch eine schädigende, zersetzende Wirkung auf Lunge und Kehle jedes Menschen, der so unklug ist, es in seiner reinen Form durch die Nase einzuziehen oder zu trinken. Wenn es mit einem Metall zu Bromidsalz reagiert, ist die Lage eine andere. Bromid ist glücklich über seine vollständige äußere Schale, hat aber dennoch eine spürbare Wirkung auf den menschlichen Körper. Und hier kommen wir zum dritten Teil des Songtitels: „verwirrt".

Es gibt ein paar Dinge an Brom oder Bromid, die verwirrend sind. Zum Beispiel ist unklar, wie Bromid zu dem unverdienten Ruf kam, die Libido zu mindern. Wo auch immer dieser Glaube herkam, er veranlasste Sir Charles Locock, den Leibarzt von Queen Victoria, Bromidsalze zur Behandlung von Epilepsie einzusetzen, welche er auf Masturbation zurückführte. Das Bromidpulver, das er seinen Epilepsie-Patienten verabreichte, verbesserte zweifellos ihren Zustand, aber nicht aus den Gründen, die er vermutete. Tatsächlich ist Bromid ein Beruhigungsmittel und unterdrückt die Gehirnaktivität, die epileptische Anfälle hervorrufen kann.

Lococks Empfehlungen gehen auf das Jahr 1857 zurück, und obwohl die Nebenwirkungen dieser Behandlung immer klarer zutage traten, entdeckte man in Bromidpulver immer mehr therapeutische Nutzen. Es wurde sowohl als Schlafmittel als auch gegen Katererscheinungen eingesetzt. Als Rodgers und Hart den Song für ihr Musical zu Papier brachten, wurde Bromidpulver in großen Mengen produziert und unter dem Label Bromo-Seltzer verkauft.

Um die gewünschte beruhigende Wirkung zu erzielen, sind relativ große Bromidmengen erforderlich. Bromid wird zwar vom Körper leicht aufgenommen, verlässt ihn aber nur zögerlich: Es kann neun bis zwölf Tage dauern, bis nur die Hälfte der aufgenommenen Menge wieder draußen ist. Wenn Menschen regelmäßig mehrere Gramm davon schluckten, reicherten ihre Körper bald toxische Mengen an. Bromismus wurde zu einem Problem. Die Symptome – Trägheit, undeutliche Sprache, Depression und Verwirrung – waren zwar selten tödlich, schwächten den Körper aber. Der Mythos von den britischen Soldaten, denen während der beiden Weltkriege Bromid in den Tee gemischt wurde, hält sich zwar beharrlich, ist aber wahrscheinlich nichts weiter als ein Mythos. Es wäre unklug, Soldaten zu verzaubern, zu beunruhigen und zu verwirren.

Bromidpulver wurden seither nahezu vollständig durch sicherere und wirksamere Beruhigungsmittel ersetzt. Brom ist daher weitgehend aus dem Rampenlicht verschwunden. Doch manch einer hängt den vergangenen Moden noch an.

Fotos von Stars, die in den 1940ern über Bromo-Seltzer sangen, wurden mit einer Silberbromid-Schicht auf Fotopapier festgehalten. Das Licht, das von einem Objekt auf das Papier reflektiert wurde, spaltete das Bromid vom Silber ab, wodurch schwarze Metallflecken entstanden. In Dunkelkammern wurde das freigesetzte Bromid zusammen mit dem nichtreagierten Silberbromid weggewaschen, und zum Vorschein kam ein Negativbild. Obwohl heute die digitale Fotografie dominiert, ziehen manche noch immer jene Bilder vor, die mit Bromidsalz produziert werden. Und so wie noch immer Coverversionen von *Bewitched, Bothered and Bewildered* entstehen, so spielen auch Brom und Bromidsalze noch immer eine Rolle.

37

Rb

Rubidium
Der ungebetene Gast

Kennen Sie diese Familien, in denen jedes Mitglied ein Ausnahmetalent ist? Die Mutter ist Hirnchirurgin, der Älteste hat mit seinem Start-up gerade die erste Million verdient, die Zweitgeborene ist eine preisgekrönte Choreografin und der Jüngste ein Cellovirtuose. Und dann gibt es da noch das Kind, über das nie wirklich geredet wird. Das einfach normal ist, keine spezielle Gabe hat. Das sich durchs Leben schlägt wie wir alle. So wie Rubidium.

Rubidium ist das gewöhnliche Mitglied einer illustren Familie von Elementen: den Alkalimetallen. Es wird stets übersehen und steht immer im Schatten seiner brillanten Geschwister. Wären die Dinge ein wenig anders gelaufen, wäre sein Name heute ebenso bekannt. Stattdessen macht es den Eindruck, als hätte Rubidium schon immer herumgehangen, auf eine Gelegenheit gewartet, die nie kommt, und sei in die hinteren Ränge der wissenschaftlichen Forschung verwiesen worden.

Wandert man in den vertikalen Gruppen des Periodensystems von einem Element zum anderen nach oben oder nach unten, kann man bestimmte Trends ablesen. Nach unten hin werden die Atome der Elemente ein wenig größer, durch zusätzliche Elektronenschalen, die sich zwiebelartig um den Atomkern legen. Das Ergebnis dieser regelmäßigen, vorhersehbaren Ergänzungen sind regelmäßige, vorhersehbare Veränderungen der Eigenschaften der Elemente. Elemente, die direkt über- oder untereinander stehen, sind sich bisweilen auffällig ähnlich. Rubidium hat eine frappierende Ähnlichkeit mit

Rubidium

Alkalimetall

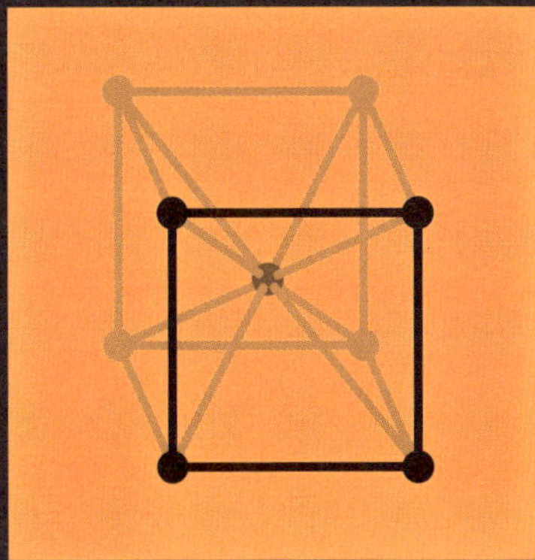

Schmelzpunkt

40 °C

Siedepunkt

688 °C

Gruppe	Periode
1	**5**

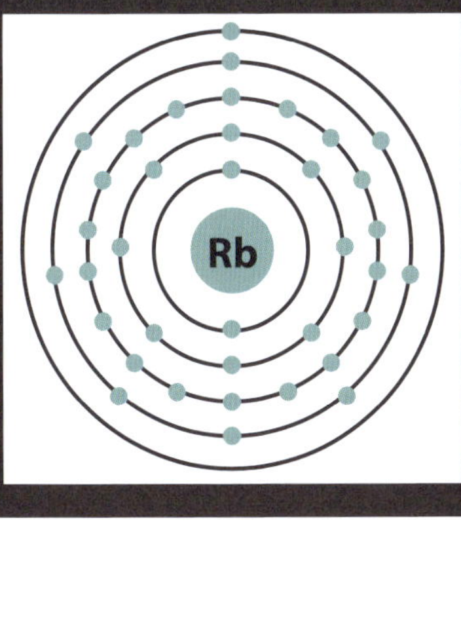

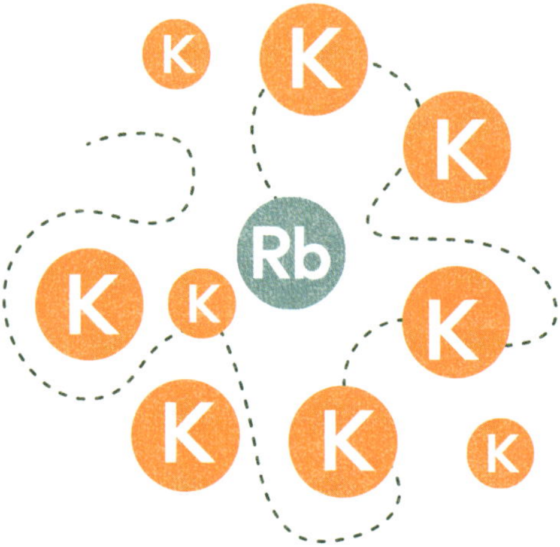

Kalium. Es nimmt bereitwillig die gleiche positive Ladung auf, ist ähnlich groß und kann alle Aufgaben von Kalium fast ebenso gut erfüllen. Es würde jeden Kalium-Doppelgänger-Wettbewerb gewinnen, ist aber dennoch nicht ganz dasselbe.

Biologische Systeme sind um die chemischen und physikalischen Eigenschaften verschiedener Elemente herum aufgebaut. Natrium und Kalium haben genau die richtige Größe und stehen genau im richtigen chemischen Gleichgewicht zueinander, um die elektrischen Signale in den Nervenzellen zu produzieren. Und weil Kalium so wichtig ist, hält der Körper es schnell fest, wenn wir es über die Nahrung aufnehmen. Auch Rubidium kann sich über unsere Nahrung in unsere Körper schleichen, denn es kommt in unserer Umwelt ebenfalls vor und kann sich als Kalium ausgeben. Womöglich treibt genau in diesem Moment ein halbes Gramm Rubidium infolge einer Verwechslung durch unseren Körper. Kein anderes Element, das keine bekannte biologische Funktion erfüllt, kommt in so hoher Konzentration im menschlichen Körper vor. Tatsächlich findet sich Rubidium hier in höherer Konzentration als in der Umwelt, weil der Körper es einfacher aufnimmt und festhält als Kalium. Es kommt ungebeten, aber unaufdringlich in unsere Körper und wartet einfach auf eine Gelegenheit, um zu zeigen, was es wirklich kann.

Rubidium ist wie der ungebetene Gast auf einer Party, den niemand zu kennen scheint, der sich aber unter die Menge mischt und mit allen klarkommt. Ist es erst einmal im Körper, besetzt es schnell den Platz von Kalium und übernimmt dessen Aufgaben. Es spielt diese Rolle so überzeugend, dass es kaum auffallen würde, wenn man sehr viel mehr Rubidium äße. Kaum.

Junge Ratten, die kaliumfrei ernährt werden, stellen das Wachstum ein, wachsen aber durch die ersatzweise Gabe von Rubinium normal weiter – zumindest eine Zeit lang. Ratten können sehr gut leben, wenn die Hälfte ihrer Kaliumzufuhr durch Rubidium ersetzt wird, aber es gibt Grenzen: Wenn Ratten in großen Mengen Rubidium erhalten, ganz ohne Kaliumzufuhr, werden die kleinen Unterschiede zwischen den beiden Elementen offenbar. Nach mehreren Wochen reiner Rubidium-Ernährung werden die jungen Ratten immer nervöser und sterben schließlich mit Krämpfen, da die elektrischen Signale in ihren Nervenzellen fehlschlagen.

Überraschend ist, dass der Rattenkörper so große Mengen von etwas vertragen kann, das gar nicht da sein sollte, bevor etwas schiefgeht. Das zeigt nur, wie gut sich Rubidium mit seinem brillanten Bruder Kalium messen kann. Dass unsere Körper nicht mehr Rubidium enthalten, liegt nur daran, dass dieses Element im Vergleich zum reichlich vorkommenden Kalium sehr selten ist. Hätte sich unser Planet mit einem höheren Rubidium-Anteil entwickelt, hätte die Evolution vielleicht einen etwas anderen Weg genommen.

Unsere Nerven würden ihre elektrischen Signale vielleicht mit Natrium und Rubidium produzieren, und es gäbe zahllose andere subtile Veränderungen, hätte Rubidium die Funktionen ausgefüllt, die normalerweise Kalium übernimmt.

Kleine Mutationen führen zu großen evolutionären Veränderungen, es dauert nur sehr lange, bis all diese kleinen Veränderungen sich aufgebaut haben.

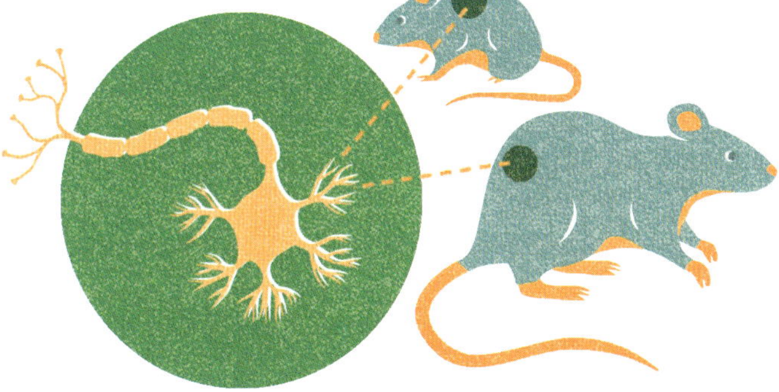

39

Y

Yttrium
Die Matroschka

Die kleine schwedische Insel Resarö sollte eigentlich berühmter sein als sie ist. Nach Ytterby, einem ruhigen, bescheidenen Inselort, sind gleich vier Elemente des Periodensystems benannt: Yttrium, Ytterbium, Terbium und Erbium. Vier weitere Elemente wurden hier ebenfalls aufgespürt. An keinem anderen Ort der Welt wurden so viele Elemente entdeckt. Und alles begann mit Yttrium.

Gleich außerhalb von Ytterby gibt es eine Grube mit reichen Rohstoffvorkommen. Im 16. Jahrhundert bauten Bergleute hier Quarz ab; später wurde Feldspat zu einem wirtschaftlich bedeutenden Mineral, das in der Porzellanindustrie Einsatz fand. Aber das Bergwerk war auch für seine große Bandbreite an Gesteinen bekannt, aus denen ungewöhnliche Pigmente und Lasuren produziert wurden. Als der schwedische Artillerieoffizier Carl Axel Arrhenius 1787 das Bergwerk besichtigte, fiel ihm ein bestimmtes Gestein besonders ins Auge. Es war schwarz und sehr schwer. Arrhenius war sehr an Gesteinen interessiert, und dieser Stein hatte keinerlei Ähnlichkeit mit irgendetwas, das er bisher gesehen hatte. Seine Zufallsentdeckung führte zu einer wissenschaftlichen Odyssee. Jedes Mal, wenn ein Ende in Sicht schien, tauchte eine neue Wendung, eine Sackgasse oder ein Nebenzweig auf. Es dauerte fast ein Jahrhundert, bis Wissenschaftler alle chemischen Komponenten des Minerals bestimmt hatten, über das Arrhenius gestolpert war.

Arrhenius glaubte, ein Wolframvorkommen gefunden zu haben, ein Element, das wenige Jahre zuvor entdeckt worden war, und schickte eine Probe

Yttrium

Übergangsmetall

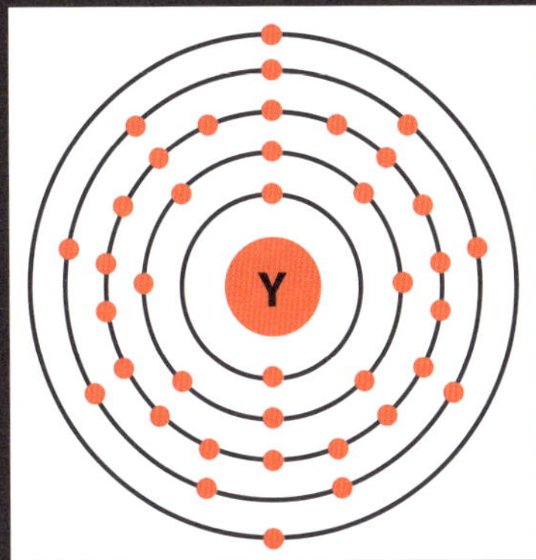

Schmelzpunkt

1522 °C

Siedepunkt

3345 °C

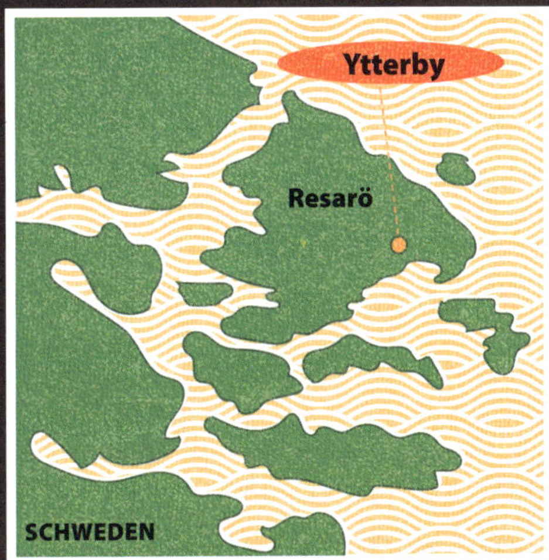

Gruppe	Periode
3	**5**

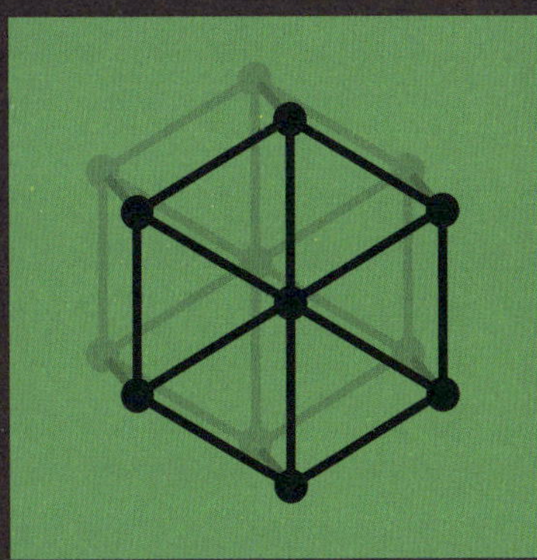

des schwarzen Gesteins zur genaueren Untersuchung an Johan Gadolin von der Universität in Åbo. Gadolin fand heraus, dass, was immer dem Gestein sein großes Gewicht verlieh, nicht Wolfram war. 38 Prozent des Gesteins bestanden aus einer bis dahin unbekannten Substanz, die er als „Erde" beschrieb, ein alter Ausdruck, der eine Metallsauerstoffverbindung bezeichnet. Gadolin nannte diese neue „Erde" Yttria (dt. Yttriumoxid); der metallische Teil dieses Metalloxids musste daher Yttrium sein. 1794 veröffentlichte er seine Entdeckung und galt seither als Entdecker eines neuen Elements, obwohl es ihm nicht gelungen war, Yttrium von dem Sauerstoff zu trennen, an den es gebunden war. Das Mineral wurde zu Ehren von Gadolin Gadolinit genannt, doch erst Friedrich Wöhler schaffte es 1828, das darin enthaltene Yttrium zu isolieren. Und hier kommt die erste Wendung in der Geschichte: Wöhlers Yttrium-Probe war kein reines Yttrium.

1843 fand Carl Gustaf Mosander heraus, dass Yttriumoxid aus drei verschiedenen Metalloxiden besteht: weißem Yttriumoxid, gelbem Terbium und rosa Erbium. Diese neuen Oxide lieferten Terbium- und Erbiummetalle. Der wachsenden Liste wurden zwei weitere Elemente beigefügt, aber das Problem der Unreinheit war noch nicht gelöst.

Einige Jahrzehnte später fand man heraus, dass Erbium eine Mischung aus drei weiteren Elementen enthielt – Ytterbium, Holmium und Thulium –, und eine genauere Untersuchung von Gadolinitproben offenbarte ein siebtes Element, Scandium. Jedes neue Metall hatte überraschende Ähnlichkeit mit dem letzten, nur die Mengen wurden immer kleiner. Die Elemente im Innern des Gadolinits waren scheinbar wie russische Matroschkas ineinandergesteckt. Zuletzt wurden 1880 mithilfe spektroskopischer Analysen winzige Mengen Gadolinium entdeckt.

Ihre chemischen Ähnlichkeiten hatten es diesen Elementen ermöglicht, im Gestein zu verklumpen. Das machte es auch so schwierig, sie nach ihrer Entdeckung voneinander zu trennen und die Eigenschaften der Familie zu definieren, zu der sie alle gehörten. Zu den Seltenen Erden, als die sie bekannt wurden, zählen 17 ähnlich aussehende Metalle. Sie bilden die 15 Felder lange Reihe direkt unterhalb des Hauptperiodensystems; zwei zusätzliche Elemente, Scandium und Yttrium, wurden aufgrund ihrer chemischen Verwandtschaft hier mit aufgenommen.

Obwohl sie durch ihre Ähnlichkeiten gekennzeichnet sind, verfügen alle Seltenen Erden über unterschiedliche Merkmale, die ihnen geholfen haben, individuelle Nischen abzustecken. Yttrium zum Beispiel wird in Kombination mit Aluminium und Sauerstoff zu Granat, das falsche Diamanten und den Kern hochleistungsfähiger Laser bildet. Diese Art von Technologie würde man bei einem Bösewicht in einem James-Bond-Streifen erwarten, der versucht, die Weltmacht an sich zu reißen.

Wenngleich nur wenige Menschen davon gehört haben mögen: Yttrium hat zur Entdeckung eines ganz neuen Zweigs des Periodensystems geführt und die Entwicklung global bedeutender Technologien ermöglicht, von LED-Lampen bis zu Batterien, von Supraleitern bis zu Krebstherapien. Yttrium hatte vielleicht einen nicht sehr vielversprechenden Start ins Leben, aber es hat sich ganz gut gemacht.

43

Tc

Technetium
Das Monster

Im Jahr 1936 sahen ein Wissenschaftler und sein Assistent in ihrem Labor die Abfälle von Experimenten anderer Leute durch. Sie gingen dabei sehr vorsichtig vor, denn sie hatten eine gewaltige Entdeckung gemacht: Sie hatten herausgefunden, wie man aus den Überresten anderer Elemente neue Elemente schuf. Das künstliche Element, das sie auf die Welt losließen, war zudem sehr instabil. Hatten sie ein Monster erschaffen?

Die Wissenschaftler waren Emilio Segrè und Carlo Perrier, Physiker und Elementjäger. Die Periodensysteme im frühen 20. Jahrhundert enthielten einige auffällige Lücken. Ein besonders eklatantes Loch befand sich genau in der Mitte der Tabelle, direkt neben Molybdän, Element 42. Dmitri Mendelejew, der Vater des Periodensystems, hatte die Existenz von Element 43 Mitte des 19. Jahrhunderts vorhergesagt. Er hatte sogar beschrieben, welche Eigenschaften es besitzen müsse, aber niemand war ihm auf die Spur gekommen.

Je besser man Atome und Elemente verstand, desto verlockender wurde die Aussicht, ein Element selbst herzustellen. Man wusste, dass jedes Element von der Anzahl der Protonen in seinem Kern definiert wird. Daher war es theoretisch möglich, ein Element in ein anderes umzuwandeln, indem man die in ihm enthaltenen Protonen anpasste. Wenn Element 43 unauffindbar war, ließ es sich vielleicht künstlich herstellen. Die Frage war nur wie.

Segrè stolperte über die Antwort, als er Ernest Lawrence am Lawrence Berkeley National Laboratory in Kalifornien besuchte. Lawrence führte

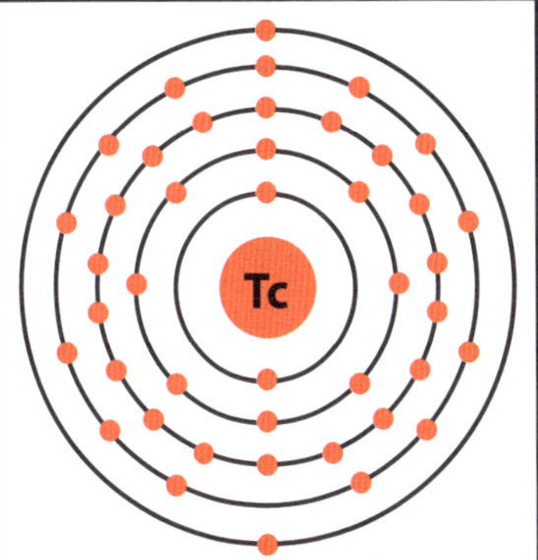

Schmelzpunkt

2157 °C

Siedepunkt

4262 °C

Gruppe	Periode
7	**5**

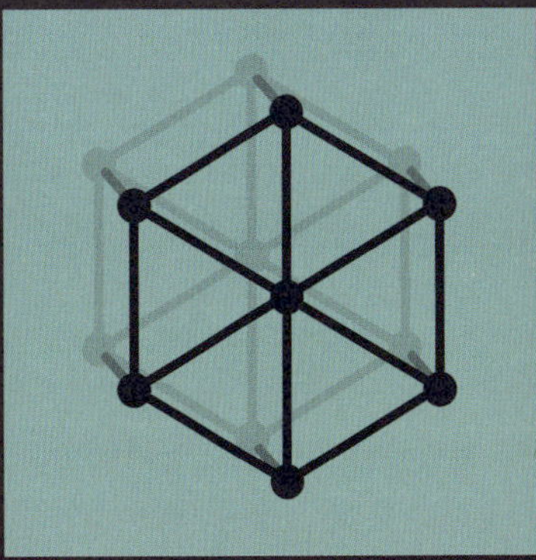

Technetium

Übergangsmetall

seinem Gast einen neuen Apparat vor: ein Zyklotron, mit dem sich Atome zertrümmern ließen. Mithilfe dieser leistungsfähigen Maschine beschoss er schwere Atome mit leichten, in der Hoffnung, dass sie zusammenkleben würden. Lawrence war nicht an der Herstellung neuer Elemente interessiert, er verfolgte andere Pläne mit seinem Zyklotron; aber Segrè erkannte die Möglichkeiten. Besonders hellhörig wurde er, als er erfuhr, dass einige der austauschbaren Teile von Lawrences Maschine aus Molybdän hergestellt waren. Was, wenn ein verirrtes Proton, ein Abfallprodukt aus einem Atomzertrümmerungsexperiment, seinen Weg in ein Molybdänatom gefunden und dieses in das fehlende Element 43 verwandelt hatte?

Ohne zu viel zu verraten, bat Segrè darum, sich einige der Molybdänabfälle, die Lawrence wegwarf, näher ansehen zu dürfen. Wochen später trafen einige Streifen ausgemusterten Molybdäns in Segrès Labor ein. Und siehe da: Analysen offenbarten das Vorhandensein winziger Mengen des schwer zu fassenden Elements 43. Segrè und Perrier gaben ihre Entdeckung 1937 bekannt und nannten ihr künstlich hergestelltes Element Technetium, vom griechischen *technikos* (dt. künstlich).

Nun, da es eine Möglichkeit gab, Technetium künstlich herzustellen, konnte man untersuchen, warum es in der Natur nicht gefunden worden war. Die Antwort war Technetium selbst: Die 43 Protonen in jedem Technetiumatom sitzen dort nicht bequem. In dem Bemühen, sich in eine stabilere Anordnung

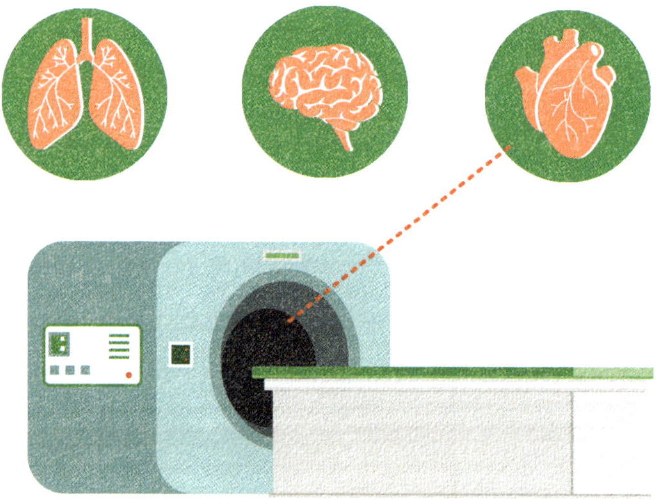

zu bewegen, werden Protonen, Neutronen und Energie gewaltsam abgestoßen. Technetium muss permanent wiederhergestellt werden, weil es so leicht zerfällt und dabei radioaktive Teilchen freisetzt.

Die verschiedenen Technetiumarten zerfallen unterschiedlich schnell; einige brauchen Millionen von Jahren, andere wenige Stunden. Technetiumatome, die bei der Entstehung der Erde vorhanden waren, zerfielen vor Millionen Jahren zu Molybdän. Die winzigen Spuren des Elements, die im Gestein und im Boden unseres Planeten gefunden werden können, sind das Ergebnis geologischer Unfälle und natürlich vorkommender Atomreaktoren.

Die Menschen haben die Atomkraft für ihre eigenen Zwecke nutzbar gemacht, und Technetium wird heute tonnenweise als Nebenprodukt in erloschenen nuklearen Brennstäben produziert. Es mag so aussehen, als hätte die Wissenschaft ein Monster losgelassen, das auf der Welt verheerenden Schaden anrichtet. Doch wie bei der Kreatur in Mary Shelleys Science-Fiction-Geschichte sollte man sich von Technetium nicht täuschen lassen.

Technetium ist nicht durch und durch schlecht. Eine Form, Technetium 99m, zerfällt in wenigen Stunden und setzt dabei Gammastrahlen frei. Diese Form der Strahlung gibt die wenigste Energie ab, und in Verbindung mit der kurzen Lebensdauer macht sie Technetium 99m für die Anwendung im menschlichen Körper sicher. Die entsendeten Gammastrahlen entweichen schnell, können aber genutzt werden, um den Weg zu dem Atom zurückzuverfolgen, das sie hervorgebracht hat. Mit kleinen Mengen lassen sich daher Herz, Gehirn und andere Organe dreidimensional darstellen, ohne dass dabei invasive Chirurgie zum Einsatz kommt. Technetium 99m wurde in der Medizin gefahrlos in Millionen von diagnostischen Tests eingesetzt.

47

Ag

Silber
Der Schmeichler

Wir Menschen sind manchmal eitel. Wir werden gern bewundert. Wir schmücken unsere Körper und dekorieren unsere Umgebung, um einen bestimmten Eindruck zu erwecken. Wir betrachten uns selbst im Spiegel, um sicherzugehen, dass wir gut aussehen, und machen Fotos, damit andere sich an uns erinnern. Silber hat, vielleicht mehr als jedes andere Element, unsere Eitelkeit befördert. Es spiegelt unser Bild und verschönert unser Leben. Mit so viel Schmeichelei hat Silber ein hohes Ansehen erlangt.

Meist sind es intellektuelle Herausforderungen, die Menschen dazu antreiben, neue Entdeckungen zu machen. Gleichwohl ist fraglich, ob so viele von ihnen derartige Mühen auf sich genommen und die dunkelsten Ecken Südamerikas erkundet hätten, wären sie nicht von der Aussicht auf großen Reichtum dorthin gelockt worden. Geschichten von El Dorado (dt. „der Goldene") und der Sierra de la Plata (dt. „Silberberg") verleiteten Europäer, immer tiefer in den Kontinent vorzudringen. Zwar entdeckten sie reichlich Gold, aber die verborgene Stadt, in der große Mengen dieses Metalls lagern sollten, war ein Mythos. Die Sierra de la Plata dagegen gab es tatsächlich. Der Cerro Rico (dt. „reicher Berg") im südlichen Bolivien wurde 1545 durch Zufall entdeckt. Hier gab es so viel Silber, dass es mehr als 200 Jahre lang 80 Prozent des weltweiten Silberbedarfs deckte und bis heute abgebaut wird.

Während mehrere Elemente nach den Orten ihrer Entdeckung benannt sind, wurden umgekehrt Orte mit großen Silbervorkommen nach diesem

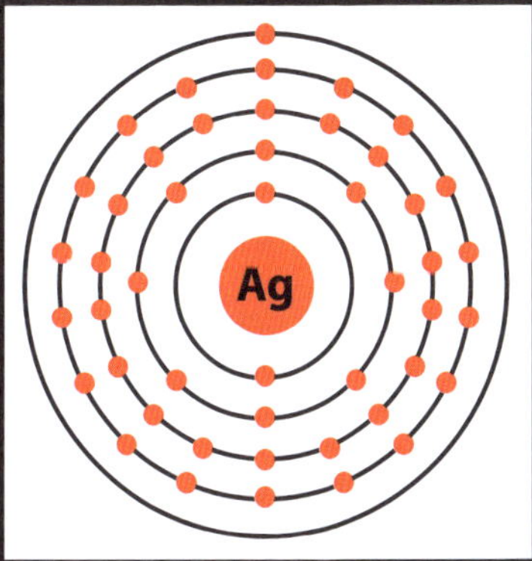

Schmelzpunkt

962 °C

Siedepunkt

2162 °C

Gruppe	Periode
11	**5**

Silber

Übergangsmetall

Metall benannt. Der Name des Landes Argentinien, wo die Geschichte vom Silberberg ihren Ursprung nahm, ist von der lateinischen Bezeichnung für Silber – *argentum* – abgeleitet. Der Río de la Plata (dt. „Silberfluss"), der einen Teil der argentinischen Grenze zu Uruguay bildet, heißt so, weil das Silber über ihn zum Meer transportiert und dann nach Europa verschifft wurde. Dort wurde es zu allem Möglichen weiterverarbeitet, von Münzen über Besteck bis hin zu Heilmitteln gegen Warzen.

Aus Silber geprägte Münzen verkörperten ihren Wert und hielten der tagtäglichen Abnutzung stand. Aus dem Metall wurden dekorative Objekte gestaltet, mit denen der Besitzer Reichtum und guten Geschmack demonstrierte. Polierte man die Oberfläche entsprechend, konnten die Menschen sich darin ausgiebig betrachten. Silber reflektiert das gesamte sichtbare Licht, was ihm eine nahezu farblose Qualität verleiht. Die Spiegelung ist nur ganz leicht in ultraviolettes Licht getaucht, wodurch ein warmer Gelbstich entsteht, der uns ins beste Licht rückt.

Silber behält seinen Glanz und widersteht einer ganzen Reihe chemischer Angriffe, ist aber auch nicht völlig unreaktiv. Mit ihm lassen sich nützliche Verbindungen herstellen, die unserer Eitelkeit zusätzlich schmeicheln. Verbindungen, die aus Silber und Elementen der Halogen-Familie gebildet sind, reagieren auf spezielle Weise mit Licht. Sie bieten nicht nur ein flüchtiges Abbild in einem Spiegel, sondern halten Bilder dauerhaft fest. Silberverbindungen wurden durch das Licht, das von den Gesichtern unserer Vorfahren reflektiert wurde, wieder zu reinem Silber. Die hellen Wangen und dunklen Lachfältchen wurden von reagiertem und nichtreagiertem Silber auf Kupferplatten festgehalten. Diese Daguerreotypien wurden abgelöst durch Glasplatten, die mit Silberverbindungen beschichtet waren. So erhielt man Negative, mit denen sich die Fotos der Reichen und Berühmten massenweise vervielfältigen ließen. Der englische Ausdruck *silver screen* (dt. Filmleinwand) geht auf die Silberverbindungen zurück, mit denen das Zelluloid beschichtet wurde, auf dem die von Millionen Menschen bewunderten Bilder festgehalten wurden.

Die abgebildeten feinen Züge konnten mithilfe anderer Silberverbindungen bewahrt werden: Vom Mittelalter bis ins 20. Jahrhundert wurde Silbernitrat als Höllenstein zum Entfernen von Warzen benutzt. Aber Silber spielt für die menschliche Gesundheit mehr als nur eine kosmetische Rolle. Das Element hat eine für den Menschen relativ niedrige Toxizität, tötet aber Bakterien und Viren ab.

Von dem persischen König Kyros dem Großen heißt es, er habe stets seinen eigenen Wasservorrat mit sich herumgetragen. Das aus speziellen Quellen stammende Wasser wurde abgekocht und in Silberbehältern aufbewahrt. Die alten Silbermünzen, die man auf dem Boden so vieler Brunnen gefunden hat, waren also möglicherweise weniger Ausdruck von Wünschen, sondern hatten eher einen praktischen Nutzen. Heute werden Silberteilchen in den Kunststoff medizinischer Geräte eingeschlossen, zum Beispiel in Infusionszugänge und Katheterschläuche, um Infektionen vorzubeugen.

Silber richtet scheinbar keinen Schaden an, aber bisweilen haben Menschen Schmeichlern zu viel Vertrauen geschenkt. Die antibakteriellen Eigenschaften des Elements schienen ihnen so verlockend, dass sie Silber im Übermaß schluckten. Argyria, oder Silbervergiftung, wird von Silberteilchen verursacht, die in der Haut und in den Augen abgelagert werden und ihnen eine blaugraue Färbung geben. Die Wirkung ist charakteristisch und von Dauer, aber nicht tödlich.

Der Charme des Silbers kann also auch auf Abwege führen. Sei es durch das Versprechen auf Ruhm, Wundermittel, die alle Krankheiten heilen, oder durch den Judaslohn – alles hat seinen Preis.

50

Sn

Zinn
Der Teamplayer

Zinn ist ein fantastischer Teamplayer. In Kombination mit anderen Metallen erschafft es etwas, das größer ist als die Summe seiner Teile. Es holt das Beste aus anderen heraus und hat maßgeblich zum menschlichen Fortschritt beigetragen. Doch für sich genommen ist Zinn verletzlich. Je stärker Zinn veredelt und von seinen Gefährten getrennt wird, desto wahrscheinlicher ist es, dass es zusammenbricht und zu weinen beginnt.

Vor mehr als 5000 Jahren entdeckten die Menschen, dass sich durch Mischen von Zinn und Kupfer ein Metall herstellen ließ, das viel härter und beständiger war als seine einzelnen Komponenten. Die Legierung, die dabei entstand, hat mehr als 2000 Jahre menschlicher Geschichte bestimmt. Das Bronzezeitalter verwandelte die menschliche Gesellschaft. Neue Technologien und Handelsrouten entstanden. Durch Hinzufügen zusätzlicher Metalle und Verändern der Kupfer- und Zinnanteile ließen sich vielerlei auf bestimmte Eigenschaften zugeschnittene Bronzen erzeugen. Jene, die über das Rohmaterial verfügten und das Know-how zur Bronzeherstellung und -verarbeitung besaßen, machten große Vermögen.

Gegen Ende des europäischen Bronzezeitalters gab es einen Mann namens Midas. Er herrschte über das phrygische Königreich in der heutigen Türkei. 1957 wurde ein Grab mit seinem Skelett entdeckt. Er war vermutlich der Vater jenes Mannes, der mit der Legende der goldenen Berührung in Verbindung gebracht wird. Das Grab enthielt 170 Bronzegefäße und Dutzende

Zinn

Kohlenstoffgruppe

Schmelzpunkt

232 °C

Siedepunkt

2586 °C

Gruppe	Periode
14	**5**

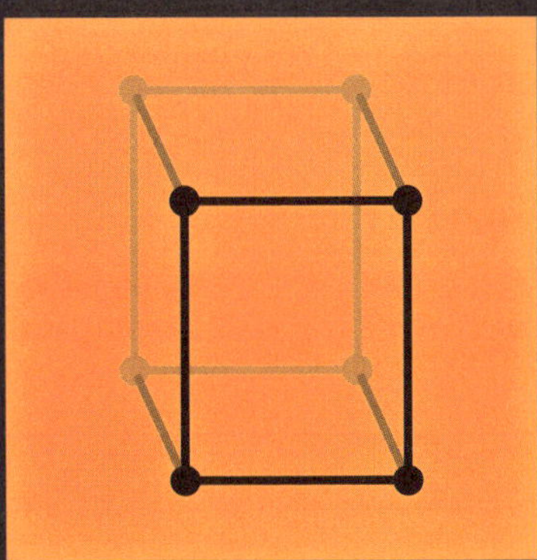

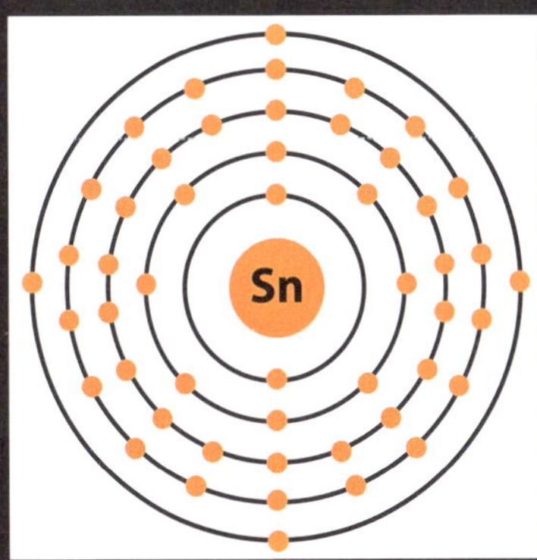

dekorative Bronzeobjekte. In Phrygien gab es große Kupfervorkommen, aber auch reichlich Zinn, das womöglich genutzt wurde, um der Bronze ein goldgelbes Erscheinungsbild zu geben.

Auf das Bronze- folgte das Eisenzeitalter, aber Zinn leistete weiterhin einen wichtigen Beitrag zu großen Fortschritten in der menschlichen Geschichte. Im 15. Jahrhundert hatte Johannes Gutenberg, ein deutscher Drucker und Verleger, eine brillante Idee: Durch das Herstellen einzelner Lettern, die immer wieder neu angeordnet und wiederverwendet werden konnten, wäre es möglich, nahezu endlose Kombinationen und Reproduktionen der geschriebenen Sprache zu drucken. Die Lettern müssten so weich sein, dass man daraus Buchstaben formen könnte, und so hart, dass die Wörter auch nach vielfachem Drucken noch lesbar wären. Blei war zu weich, aber durch Hinzugabe von Zinn und ein wenig Antimon wurde es härter. Das daraus resultierende Letternmetall ließ sich leichter verarbeiten als Bronze, war aber widerstandsfähiger als die Lettern aus Holz und Ton, mit denen man bis dahin gearbeitet hatte. 1439 war Gutenberg der erste Europäer, der bewegliche Lettern benutzte, eine Technologie, die die Massenproduktion von gedrucktem Material und so die Verbreitung von Informationen in nie dagewesenem Ausmaß ermöglichte.

Zinn hatte seinen industriellen und kulturellen Wert bewiesen, aber es hatte noch mehr zu bieten. Von allen Metallen ist es das, was am besten nachhallt, was erklärt, warum Zinnglocken am besten klingen. Zinn wurde immer weiter veredelt und zu Glocken und Orgelpfeifen gegossen. Aber das

Metall hatte seine Grenzen erreicht und verlangte nach Gesellschaft. Reines Zinn kommt in zwei Formen vor: als metallisch „weißes“ oder „beta“ Zinn und als zerbrechliches, sprödes „graues“ oder „alpha“ Zinn. Die Neuanordnung erfolgt bei 13 °C und kann als Knistern wahrgenommen werden, das auch als „Zinnschrei“ oder „Zinnweinen“ bekannt ist. Kalte nordeuropäische Winter führten zu Geschichten von explodierenden Orgelpfeifen. Da die Menschen keine Ahnung von der Atomstruktur des Metalls hatten, gaben sie dem Teufel die Schuld. Die Antwort lag nicht im Gebet, sondern darin, dem Zinn zu geben, wonach es verlangte: Gesellschaft. Durch Hinzufügen von Atomen eines anderen Elements konnte die „Zinnkrankheit“ geheilt werden, da so die Umwandlungstemperatur gesenkt oder der Prozess komplett gestoppt werden konnte.

Das Wissen um die Angreifbarkeit von Zinn stand einem weiteren technologischen Fortschritt nicht im Weg. Um viele Menschen gut und wirkungsvoll zu ernähren, ist es hilfreich, wenn ein Teil der Nahrung lange Zeit gelagert werden kann. Die Lösung war, die Nahrung perfekt verschlossen zu halten, sodass sie vor der schädlichen Luft und Mikroben geschützt war. Metalldosen zur Nahrungsaufbewahrung ließen sich leicht herstellen, und Zinn konnte bei so niedrigen Temperaturen geschmolzen werden, dass es sich zum Versiegeln eignete. Wenn die Zinndosen im Haus aufbewahrt wurden, konnte die Kälte ihnen nichts anhaben. Mit besonders reinem Zinn versiegelte Dosen jedoch, die in die extreme Kälte der Antarktis mitgenommen wurden, haben womöglich zum Scheitern von Scotts Expedition an den Südpol beigetragen.

Trotz der Rückschläge hatte Zinn seine Möglichkeiten, zum menschlichen Fortschritt beizutragen, noch nicht ausgeschöpft. Die Elektronikrevolution des 20. Jahrhunderts wurde durch die Kombination aus Zinn und Blei ermöglicht. Zusammen bildeten sie das Lötmetall, dass die elektronischen Komponenten zu immer komplexer werdenden Geräten verband, die uns heute selbstverständlich erscheinen. Zinn und seine Verbindungen und Legierungen finden weiterhin stetig neue Anwendungen. Niemand weiß, was die Zukunft bereithält, außer vielleicht Zinn.

51

Sb

Antimon
Der Giftkelch

Vor langer, langer Zeit, so die Geschichte, gab es einen Mönch namens Basilius Valentinus, der nach dem Stein der Weisen suchte. Dafür nutzte er eine ungewöhnliche Substanz, Stibium, der man schon in der Antike heilende Kräfte zuschrieb. Vielleicht hoffte er, sie könne auch Metalle „heilen", sie von ihren Unreinheiten säubern, um schließlich reines Gold zum Vorschein zu bringen.

Leider und wenig überraschend kam bei Valentinus' Experimenten kein Gold heraus. In einem Anfall von Wut warf der Mönch die Reste seiner gescheiterten Versuche in einen Stall, wo die Schweine sie hinunterschlangen. In der Folge erkrankten die Schweine schwer. Aber sie erholten sich und wurden anschließend sehr fett. Valentinus war zwar bei der Suche nach dem Stein der Weisen gescheitert, hatte aber möglicherweise ein wunderbares Stärkungsmittel gefunden. Prompt ließ er seine Mönchskollegen Proben davon kosten. Sie erkrankten ebenfalls, kamen aber nicht in den Genuss der Wunderheilung, die die Schweine erlebt hatten. Alle Mönche starben, und so wurde Valentinus' geheimnisvolle Substanz als Antimon bekannt, was so viel wie „Mönchsmörder" bedeutet.

Ungeachtet der toten Mönche verfasste Valentinus die Schrift *Triumphwagen des Antimons*, in der er die vielen Tugenden dieses unglaublichen Elements pries. Die Schrift wurde aus dem Deutschen in mehrere europäische Sprachen übersetzt und zog weitere Bücher sowohl über Valentinus als auch über sein

Antimon

Stickstoffgruppe

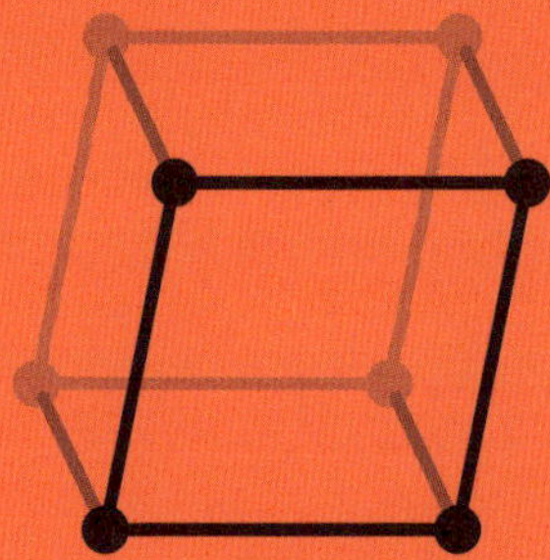

Schmelzpunkt

631 °C

Siedepunkt

1587 °C

Gruppe	Periode
15	**5**

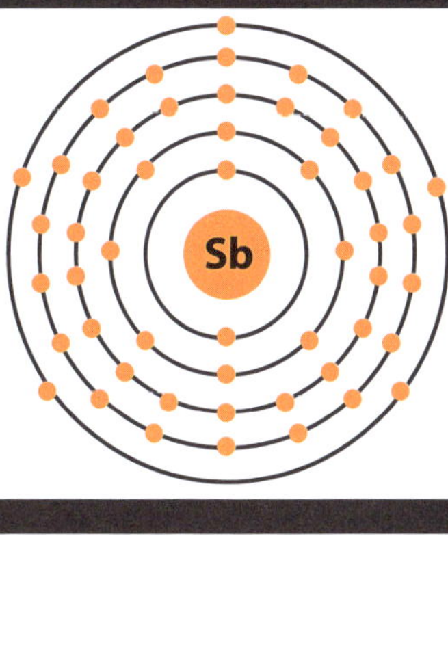

eindrucksvolles Antimon nach sich. Sie sorgte für eine medizinische Sensation. Als wahrer Autor des Werkes erwies sich später der deutsche Chemiker und Salzfabrikant Johann Thölde. Er behauptete, das lateinische Manuskript des Mönchs gefunden und lediglich ins Deutsche übersetzt zu haben. Nicht jeder ließ sich täuschen, aber da war es bereits zu spät: Der Antimon-Boom des 17. Jahrhunderts war in vollem Gange.

Wenngleich die Geschichte von Valentinus und seinen Mönchen erfunden ist, verrät sie doch viel darüber, wie gut Antimon und seine unerfreulichen Eigenschaften damals zur Vorstellung von der menschlichen Gesundheit passten. Bis im 19. Jahrhundert die Keimtheorie entwickelt wurde, ging man davon aus, dass die menschliche Gesundheit von den vier Körpersäften bestimmt wurde: schwarzer Galle, gelber Galle, Blut und wässrigem Schleim. Zu wenig oder zu viel eines Körpersaftes, so glaubte man, verursache Krankheiten, deren Symptome davon abhingen, welcher Körpersaft aus dem Lot geraten war. Das Gleichgewicht konnte mithilfe einer speziellen Ernährung wiederhergestellt werden, die den Körper ermunterte, mehr von diesem oder jenem Körpersaft zu produzieren oder überschüssigen Körpersaft zu abzubauen. Das Ergebnis war eine schwer verdauliche Ernährung, die über Jahrhunderte für Verdauungsprobleme, Blutungen und Erbrechen sorgte. Eine Substanz, die Brechreiz auslöste, galt daher als wertvolle Medizin. Nach der damaligen Logik war Antimon sehr kostbar.

Den Großen und Mächtigen wurden Antimon-Arzneien verordnet, und viele dramatische und erstaunliche Genesungsgeschichten wurden auf die heilende Kraft dieses Elements zurückgeführt. Aber es gab auch auffällige Misserfolge. Auf Antimon basierende Therapien resultierten in mehreren Todesfällen, die häufig auf einen übertriebenen Einsatz dieser Substanzen zurückgeführt wurden. Die Meinungen über den medizinischen Nutzen dieses Elements und seiner Verbindungen gingen stark auseinander. Es gab die Antimon-Befürworter und die Antimon-Gegner. Die Behörden entschieden, die Risiken seien zu groß, und verboten Antimon-Medikamente. Doch nicht jeder Arzt hielt sich an dieses Gesetz.

Vielleicht um die Regeln zu umgehen, wurde daraufhin eine alternative Methode zum Verabreichen von Antimon ersonnen. Spezielle Zinnbecher wurden hergestellt, wobei der Zinnlegierung eine substanzielle Menge Antimon beigegeben wurde. Nun musste keine Antimon-Arznei mehr verschrieben werden: Jeder, der sich unwohl fühlte und im Besitz eines solchen Bechers war, konnte diesen mit Weißwein füllen und über Nacht stehen lassen. Die Säure im Wein löste ein wenig Antimon aus dem Becher, und schon hatte man eine wirkungsvolle Antimon-Lösung. Wenn man am nächsten Morgen den Inhalt des Bechers leerte, wurde der Brechreiz angeregt und mit dem Erbrochenen die Krankheitsursache ausgeworfen.

Aufgrund unseres besseren Verständnisses sowohl der Krankheitsursachen als auch der Position von Antimon im Periodensystem erscheinen uns die unangenehmen Eigenschaften des Elements heute wenig überraschend. Man kann eine Krankheit nicht einfach erbrechen, und solch extreme physische Reaktionen auf eine Substanz sind ein klares Zeichen dafür, dass sie sich mit guter Gesundheit nicht verträgt. Auch Antimons Platz im Periodensystem ist ein Warnsignal. Man kann ein Element nicht immer aufgrund der Gesellschaft, die es pflegt, beurteilen, aber im Falle von Antimon wäre das gerechtfertigt. Antimon, das bequem inmitten der Familie der Stickstoffgruppe thront, ist der größere, bösere Bruder von Arsen. Es hat ähnliche Züge wie seine toxischen Geschwister, nur in gesteigerter Form. Die Vorzüge und der medizinische Nutzen, die Antimon im 16. und 17. Jahrhundert zu bieten schien, haben sich wahrhaftig als Giftkelch entpuppt.

53

I

Jod
Der Regenmacher

Not macht erfinderisch, heißt es. Kriege haben häufig die notwendigen Voraussetzungen für technologische Fortschritte geliefert. In Kriegszeiten sind Wissenschaftler und Ingenieure dazu aufgerufen, ihre Expertise so einzusetzen, dass sie ihrer Seite einen Vorteil verschafft, sei es durch massivere Angriffe oder effektivere Verteidigung. Der kollektive Wille und die Zusammenarbeit so vieler Experten kann ein außerordentlich fruchtbares wissenschaftliches Umfeld hervorbringen. Dabei streben diese Männer und Frauen stets nach Anerkennung, aber aus diesem fieberhaften Treiben können auch fantastische Neuerungen hervorgehen.

Als in Europa aufgrund der Machtgier eines einzelnen Mannes erbitterte Kämpfe geführt wurden, appellierte man an die Wissenschaft, die Schlagkraft der eigenen Seite zu verbessern. Ein Chemiker, der dem Ruf seiner Nation folgte, war der Franzose Bernard Courtois. Trotz begrenzten Budgets und eingeschränkter Ressourcen machte er eine Entdeckung, von der nicht nur die Soldaten, sondern auch Tausende normale Bürger profitieren sollten.

Es war das Jahr 1811, und in Europa wüteten die Napoleonischen Kriege. Die britische Navy hatte Frankreich blockiert, um das Land von seinen Salpeterlieferungen (Kaliumnitrat) abzuschneiden, die es zur Herstellung von Schießpulver benötigte. Daraufhin begann man überall in Frankreich, Salpeter selbst herzustellen. Verrottender Mist und Abfall (als Nitratlieferanten) wurden mit Erde und Asche (als Kaliumlieferanten) vermischt. Courtois

Jod

Halogene

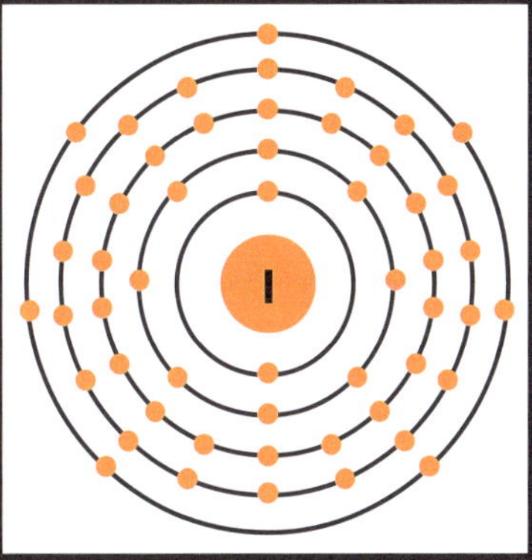

Schmelzpunkt

114 °C

Siedepunkt

184 °C

Gruppe	Periode
17	**5**

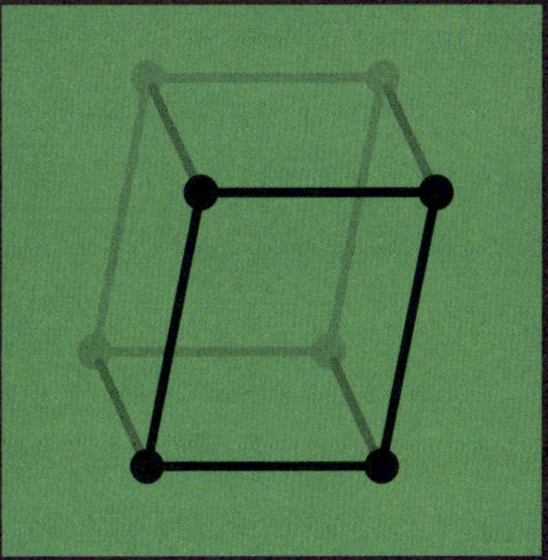

stellte sein Salpeter am Rand von Paris her. Auf der Suche nach alternativen Kaliumquellen entschied er sich für Algen, weil diese günstig und reichlich vorhanden waren. Er kochte sie in Wasser, um Kaliumchlorid zu erzeugen. Sein Hauptziel hatte er damit erreicht, aber seine Experimente führten zu einer weiteren Entdeckung.

Eines Tages fügte er seinen Algenextrakten Schwefelsäure hinzu und wurde von seltsamen lila Rauchschwaden überrascht, die aus dem Tiegel emporstiegen. Neugierig wie alle Chemiker wiederholte er das Experiment. Dieses Mal fing er den lila Rauch ein und kondensierte ihn zu dunklen Kristallen mit metallischem Glanz. Die Farbe Lila ließ sich damals extrem schwer herstellen, und nie zuvor hatte man sie aus etwas aufsteigen sehen, das auch nur entfernt mit Metall zu tun hatte. Diese erstaunliche Entdeckung gab, quasi als Nebenschauplatz des Hauptkonflikts, Anlass zu einem kleinen wissenschaftlichen Streit.

Courtois war überzeugt, ein neues Element gefunden zu haben, verfügte aber nicht über die Mittel, dies zu bestätigen. Daher schickte er einigen Chemikerkollegen Proben zur Analyse. 1813 stellten Charles Bernard Desormes und Nicolas Clément die Ergebnisse ihrer Untersuchungen dem Institut Imperial de France vor. Auch ihr französischer Landmann Joseph Gay-Lussac bestätigte die merkwürdige Substanz als neues Element und nannte sie *iode* (dt. Jod), nach dem griechischen *iodes*, was „violett“ bedeutet.

Unterdessen führte auch der Engländer Humphry Davy, ein Chemiker, der so hochgeachtet war, dass er auch während des Krieges zwischen England und

Frankreich das Nachbarland besuchen durfte, Versuche mit einer Jod-Probe durch. Auch er bestätigte es als neues Element und schickte seinen Bericht an die Royal Institution in London. Die Briten, die Gay-Lussacs Arbeit nicht kannten, sprachen Davy die Urheberschaft für die Entdeckung des Elements zu. Die Streitigkeiten darüber, wem die Entdeckung zuerst gelungen war, hielten bis 1913 an, bis schließlich Gay-Lussacs Anspruch und Courtois' Beitrag anerkannt wurden. Fast ebenso lange dauerte es, bis die Nutzen von Courtois' Entdeckung feststanden.

1908 benutzte Antonio Grossich Jodtinktur, eine schwache Jodlösung, für einen chirurgischen Eingriff. Es zeigte sich, dass Jod ein wirksames Mittel zur schnellen Desinfektion war. 1912 wurden im italienisch-türkischen Krieg breitangelegte Versuche mit Jod durchgeführt, bei denen man die Wunden der Soldaten mit dem Mittel desinfizierte.

Die militärischen Anwendungsmöglichkeiten von Jod wurden also zunächst in der Verteidigung gesehen, beim Schützen der Truppen vor Infektionen. Seine offensiven Fähigkeiten wurden bei Versuchen erforscht, die mindestens ebenso ungewöhnlich waren wie das Element selbst: Silberiodidkristalle wurden eingesetzt, um Regenwolken erzeugen. Es auf Befehl regnen zu lassen, mag nicht sonderlich aggressiv oder gefährlich wirken, aber die Idee bestand darin, den Feind aufzuweichen und seine Panzer und Truppen im Schlamm versinken zu lassen. Die Briten führten zwischen 1949 und 1952 Versuche unter dem Codenamen Operation Cumulus durch. Eine bekannte Theorie lautet, dass ein Testflug die verheerenden Überschwemmungen von Lynmouth am 15. August 1952 verursachte, doch dafür gibt es keine ausreichenden Beweise.

Heute wird Jod weiter für Feldzüge eingesetzt, allerdings im Kampf gegen Unterernährung und Krebs. Jodsalze werden der Nahrung beigemischt, um Ernährungsmängel auszugleichen, die zu Geburtsfehlern und Kröpfen führen können. In Großbritannien waren Letztere bisweilen als „Derbyshire neck" bekannt, aufgrund des geringen Jodgehalts im Boden dieser Region. Die Radiojodtherapie wird bei Patienten mit Schilddrüsentumoren eingesetzt, um die dort wachsenden Krebszellen zu zerstören. Letztlich hat Jod seinen Platz im Krieg wie im Frieden gefunden.

56

Ba

Barium
Das medizinische Wunder

Barium kann Probleme verursachen, fügt aber niemandem Schaden zu. Tief im Innern ist es ein echter Softie. Wie Lenny in John Steinbecks *Von Mäusen und Menschen* stolpert Barium durchs Leben, ohne sich seiner Größe bewusst zu sein und ohne über die Konsequenzen seines Handelns nachzudenken. In dem Roman hat Lenny George an seiner Seite, der ihn vor Ärger bewahrt, genau wie Barium im echten Leben Sulfat an seiner Seite hat.

Die meisten Menschen haben von Barium schon als Flüssigkeit gehört. Das Element wird tagtäglich in Krankenhäusern rund um die Welt geschluckt, ist aber alles andere als nahrhaft. Es kommt in vielerlei Hinsicht nach Calcium, seinem leichteren Verwandten, ist aber im Vergleich dazu groß und unbeholfen.

Eine der vielen biologischen Funktionen von Calcium besteht darin, zu regeln, wie sich Kalium, das elektrische Signale erzeugt, in die Zellen hinein- und aus ihnen hinausbewegt. Das ungeschickte Barium, das denselben chemischen Weg entlangstolpert, kommt ihm dabei in die Quere. Es blockiert den Weg von Kalium aus der Zelle heraus. Wenn Kalium in der Zelle gefangen ist, kann es die Signale nicht erzeugen, die für die Koordination des Körpers notwendig sind. Das tolpatschige Verhalten von Barium kann dann indirekt Herzrhythmusstörungen, Ängste, Tremor, Kurzatmigkeit und Lähmungserscheinungen hervorrufen. Ärzte würden nie das Risiko eingehen, etwas zu verwenden, das diese Symptome bei einem Patienten verursachen kann, aber hier kommt Sulfat ins Spiel.

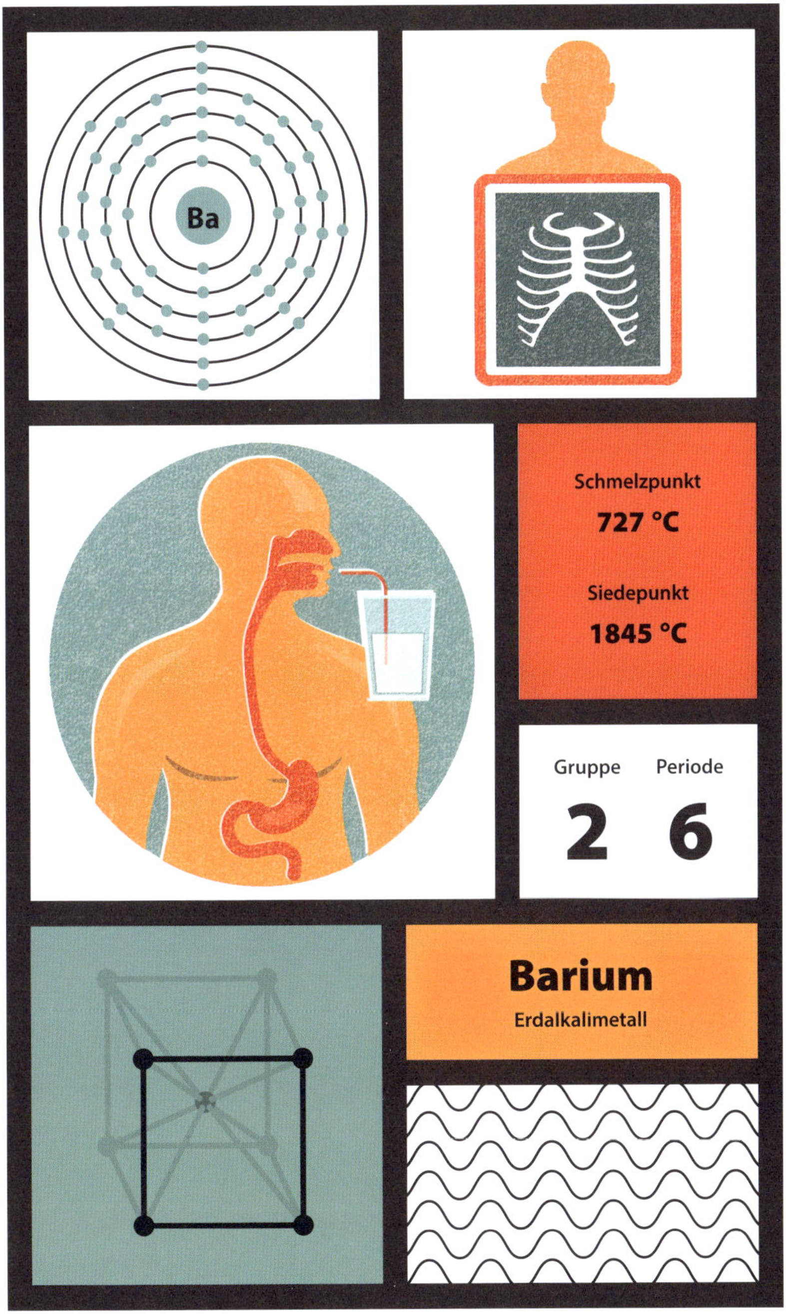
Ba
Schmelzpunkt
727 °C
Siedepunkt
1845 °C
Gruppe
2
Periode
6
Barium
Erdalkalimetall

Barium ist genauso spendabel wie Calcium und gibt bereitwillig zwei Elektronen an ein beliebiges Element ab, das diese für Partnerschaften benötigt. Nicht jeder Freund ist jedoch eine Stütze, und einige können uns auf Abwege führen. Manche Partner zum Beispiel können Barium schlicht nicht festhalten, lassen es von dannen ziehen und Probleme verursachen. Aber Barium und Sulfat sind beste Freunde. Sie passen so gut zusammen, dass sie sich schwer voneinander trennen lassen. Dieses Paar geht zusammen durch dick und dünn, sogar durch die Säuren und Basen unseres Verdauungssystems. Wenn Barium von Sulfat gesichert wird, können seine gewichtigen Merkmale zum Vorteil genutzt werden.

Der entscheidende Unterschied zwischen einem Element und dem nächsten ist ein einzelnes Proton, und um ein komplettes, ausbalanciertes Atom zu bilden, bringen diese Protonen zusätzliche Elektronen und Neutronen mit. Wenn man sich durchs Periodensystem bewegt, kommen diese winzigen Ergänzungen stufenweise hinzu. Bei Barium angekommen, beginnen die Dinge ein bisschen schwerfällig zu werden. Dieses Metall hat 56 Protonen und, normalerweise, 82 Neutronen in seinem Kern. Das ist ziemlich viel Masse, die es mit sich herumtragen muss. Die 56 Elektronen, die um den Kern von Barium kreisen, vergrößern seinen nicht unerheblichen Umfang noch zusätzlich.

Ein bisschen Extraausstattung kann aber von Vorteil sein, wenn es um Röntgenstrahlen geht. Je mehr Elektronen ein Atom mit sich herumträgt, desto leichter kann es die elektromagnetischen Wellen der Röntgenstrahlung absorbieren. Blei, mit seinen 82 Elektronen ein echtes Schwergewicht, wird daher zur Herstellung von Schutzschirmen benutzt, die Röntgenassistenten vor den Strahlen schützen, mit denen sie täglich arbeiten.

Im Vergleich dazu ist Barium, trotz seines Namens, der sich vom Griechischen *barys* (dt. schwer) ableitet, ein Mittelgewicht. Aber es hat genug Masse, um Röntgenstrahlen zu absorbieren und die weichen Konturen unseres Verdauungssystems sichtbar zu machen. Daher ist es auch die Hauptzutat des leckeren Kontrastmittels. Ein Bleigemisch zu schlucken, wäre noch effektiver und würde unser Inneres noch deutlicher sichtbar machen, aber die Toxizität dieser Substanz würde uns umbringen. Unser Körper bekommt, chemisch betrachtet, nahezu nichts davon mit, wenn Bariumsulfat durch ihn hindurchwandert. Die Biologie überbrückt Barium meist, aber Ausnahmen gibt es immer.

Es gibt eine kleine, aber spektakuläre Gruppe von Organismen, die ohne Barium nicht zurechtkommen: Zieralgen. Diese kleinen, grünen, lebendigen Schneeflocken werden bis zu einen Millimeter groß und sind durch ihre geteilte Struktur gekennzeichnet. Sie alle haben zwei Lappen, die an einem zentralen Punkt verbunden sind. Die Lappen können rund, stachelig, glatt oder genoppt sein, aber sie alle haben mit Flüssigkeit gefüllte, in ihre Extremitäten eingebaute Taschen. In der Flüssigkeit, die in diesen Taschen schwappt, befinden sich unlösbare Bariumsulfat-Kristalle. Obwohl diese Kristalle chemisch nicht mit ihrer Umgebung reagieren, sind sie doch ständig in Bewegung und werden von den sie umgebenden Wassermolekülen hin- und hergeworfen. Der genaue Zweck dieser Kristalle ist unklar. Eine Theorie besagt, dass das schwere Barium in den Kristallen wie ein kleiner Gravitationssensor funktioniert und den Zieralgen herauszufinden hilft, wo oben ist. Barium ist vielleicht nicht das dynamischste Element, aber mit Unterstützung von Sulfat ist es ein sicherer und verlässlicher Freund.

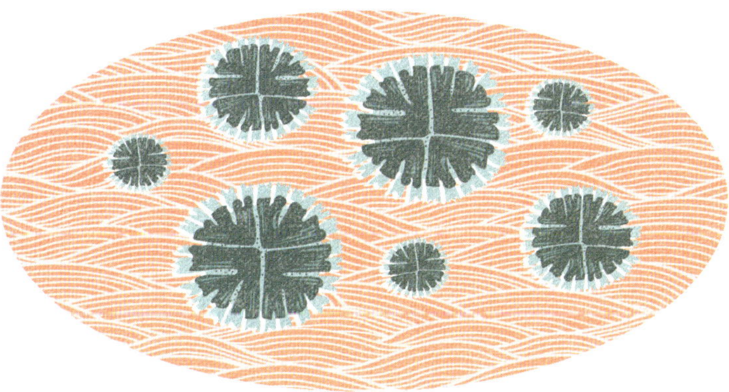

63

Eu

Europium
Der Feind des Fälschers

Mit Europium ist es zum Verzweifeln. Es gehört zu einer großen Gruppe nahezu identischer Elemente, die bei Chemikern mehr als ein Jahrhundert lang für Verwirrung gesorgt haben. Genau diese Eigenschaft des Elements wurde nun in einen Vorteil umgemünzt und eingesetzt, um Fälschungen aufzudecken und Fälscher abzuschrecken.

Viele Gruppen im Periodensystem haben ausgeprägte Familienmerkmale, aber einige Elemente ähneln sich so stark, dass das Bemühen, sie zu unterscheiden, einem anspruchsvollen Finde-den-Fehler-Spiel gleicht. Eine Gruppe von 17 Elementen verhält sich in chemischer Hinsicht so ähnlich, dass es sinnvoll ist, sie in einen Topf zu werfen, obwohl sie an verschiedenen Stellen des Periodensystems angeordnet sind. Die als Seltene Erden bekannten Elemente sind weder selten noch Erden. Eine feinere Kategorisierung dieser chemischen Doppelgänger wurde auf Grundlage der Anordnung der Elektronen innerhalb ihrer Atome vorgenommen. Die Lanthanoide, eine 15 Mitglieder zählende Untergruppe von Seltenen Erden, erstrecken sich in einer langen Reihe unterhalb des Hauptperiodensystems. Die Gruppe umfasst auch Lutetium, obwohl dieses Element aufgrund der Anordnung seiner Elektronen technisch betrachtet ein Übergangsmetall ist und deshalb Teil der Haupttabelle sein sollte.

Das ist verwirrend? In der Tat. Die chemischen Ähnlichkeiten zwischen den Seltenen Erden weisen darauf hin, dass sie normalerweise im selben Gestein

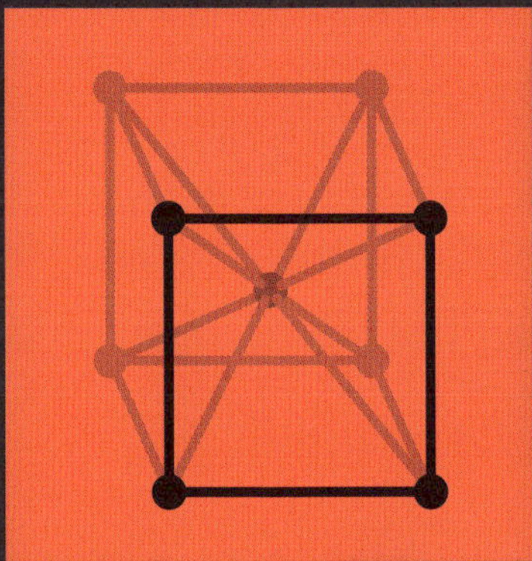

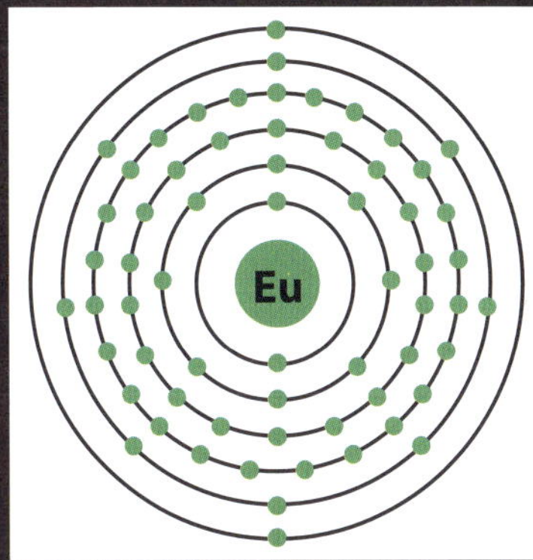

Schmelzpunkt

822 °C

Siedepunkt

1529 °C

Gruppe	Periode
f-Block	**6**

Europium

Lanthanoide

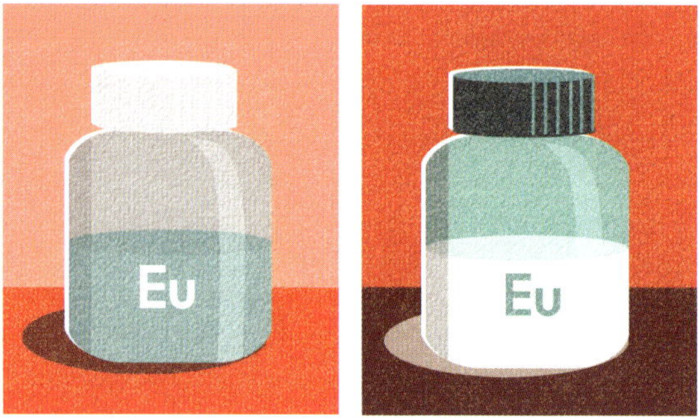

vorkommen. Im Laufe des 19. Jahrhunderts versuchten Chemiker, das Durcheinander der Elemente zu entwirren. Jedes Mal, wenn ein Element isoliert wurde – so schien es –, entdeckte man in ihm ein weiteres. Bald stritt man darüber, wer was wann entdeckt hatte. Es war ein Albtraum.

Selbst William Crookes war am Ende seines Lateins, und als Entdecker zweier Elemente (Helium und Thallium) wusste er, worüber er stöhnte. „Die Seltene-Erde-Elemente verwirren uns in unseren Forschungen, widersprechen unseren Annahmen und verfolgen uns in unseren Träumen. Sie erstrecken sich wie ein unbekanntes Meer vor uns, halten uns zum Narren, geben uns Rätsel auf und murmeln uns seltsame Offenbarungen und Möglichkeiten zu."

Gegen Ende des 19. Jahrhunderts fand man heraus, dass sich Europium in unreiner Form in Samarium versteckte. Der französische Chemiker Eugène-Anatole Demarçay versuchte, es zu isolieren. Die sehr subtilen Unterschiede zwischen Samarium und dem noch unbekannten Element nutzend fand er eine Möglichkeit, die beiden mithilfe einer Reihe mühsamer Reaktionen und Rekristallisierungen voneinander zu trennen. Er brauchte mehrere Jahre dafür. Nach so viel harter Arbeit brachte es niemand übers Herz, seinem Anspruch auf die Entdeckung zu widersprechen.

Umso niederschmetternder ist die Erkenntnis, dass Demarçay gar nicht so viel Zeit dafür hätte aufwenden müssen. Europium sticht insofern aus den Seltenen Erden hervor, als es bereitwillig zwei oder drei seiner Elektronen abgibt. Die übrigen Familienmitglieder sind weniger flexibel und opfern für gewöhnlich immer drei Elektronen. Chemisch macht das einen Riesenunterschied. Europium kann eine Reihe von Verbindungen eingehen, die für die meisten Lanthanoide unerreichbar sind; das macht es leicht, das Element von seinen Geschwistern zu trennen.

In den meisten anderen Punkten gleicht Europium jedoch den übrigen Seltenen Erden. Nur wenige Menschen machen sich die Mühe, zwischen den verschiedenen Elementen der Familie zu unterscheiden. Manche sind wertvoller als andere, weil sie seltener vorkommen, aber normalerweise werden sie zusammen als sogenanntes Mischmetall verkauft. Es gibt aber ein paar Anwendungen, für die es sich lohnt, einzelne Elemente aus der Seltene-Erden-Mischung herauszutrennen. Eine dieser Anwendungen ist das Aufdecken von Fälschungen.

Alle Lanthanoide fluoreszieren aufgrund der Anordnung ihrer Elektronen. Treffen bestimmte Lichtwellenlängen auf ihre Atome, springen ihre Elektronen auf höhere Ebenen. Wenn diese Elektronen in ihre ursprüngliche Anordnung zurückfallen, geben sie das Licht, das sie absorbiert haben, wieder ab, allerdings mit einer anderen Wellenlänge. Ein blaues Licht kann daher als rotes Licht zurückgestrahlt werden. Je nachdem, welches Lanthanoid verwendet wird und was ihm noch beigemischt ist, können verschiedene Farben produziert werden. Das ist einer von vielen Tricks, die eingesetzt werden, um Banknoten fälschungssicher zu machen. Hält man echte Geldscheine unter ultraviolettes Licht, werden versteckte Farben und Muster sichtbar, die mit Lanthanoidverbindungen gedruckt sind.

1995 wurde eine neue Währung geschaffen. Als es an die Gestaltung der Banknoten ging, hätte man jedes beliebige Lanthanoid auswählen können, um dem Geld seine leuchtenden Sicherheitsmerkmale zu geben. Dass man sich für Europium entschied, lag vermutlich daran, dass seine fluoreszierenden Eigenschaften am besten erforscht waren und es seit Langem für TV-Bildschirme und fluoreszierende Lampen benutzt wurde. Ein weiterer Faktor waren möglicherweise die Kosten: Da Europium teurer ist als andere Lanthanoide, würde es Fälscher, die aus dem Falschgeld maximalen Profit schlagen wollen, eher vom Fälschen abhalten. Hinzu kommt: Wenn eine Währung Euro getauft wird, kommt dafür ja eigentlich nur ein Lanthanoid in Frage.

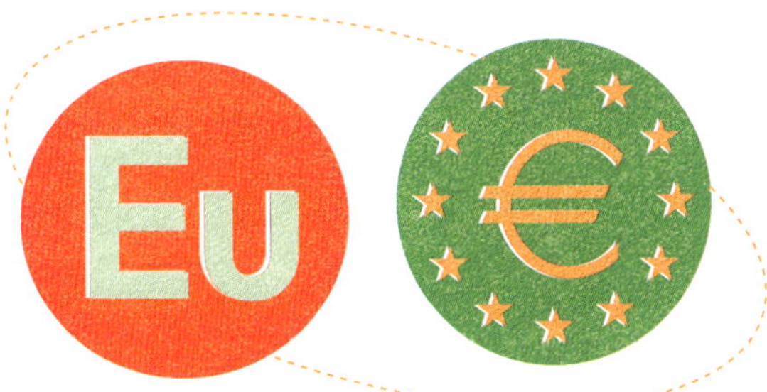

74

W

Wolfram
Der Lichtbringer

Wolfram ist das Hart-wie-Stahl-Schwergewicht des Periodensystems. Es ist umgeben von einer Aura aus Stabilität und Undurchlässigkeit. In einem Kampf würde man Wolfram stets an seiner Seite haben wollen, aber Wolfram lässt sich nicht so leicht überreden, etwas zu tun, das es nicht tun will. Das Metall ist unter verschiedenen Namen bekannt und wurde für defensive wie offensive Aufgaben eingesetzt. Geschätzt wird es aber vor allem für seine Gleichgültigkeit, mit der es allem begegnet, was die Welt auf es loslässt.

Viele Eigenschaften von Wolfram waren von Anfang an erkennbar. Ein 1751 in Schweden gefundener Stein wurde als *tung sten* beschrieben, wörtlich „schwerer Stein". Der berühmte schwedische Chemiker Carl Wilhelm Scheele beschloss, sich den Stein genauer anzusehen. Er fand heraus, dass das weiß-kristalline Material innerhalb des Steins eine Kombination aus Calcium und irgendetwas anderem war. Daraus konnte er eine Säure produzieren, die wir heute als Wolframsäure kennen. In dieser Säure vermutete er ein neues Metall, das, sollte es jemand isolieren können, vermutlich Tungsten genannt würde.

Zwei Jahre später und mehrere tausend Kilometer entfernt, in Spanien, isolierten die Brüder Fausto und Juan José d'Elhuyar Scheeles mysteriöses Metall, allerdings aus einem anderen Mineral, Wolframit. Sie nannten es Wolfram. Das Element trägt daher das Buchstabensymbol W, obwohl es in mehreren Sprachen bis heute Tungsten heißt. Die Spanier nennen es verständlicherweise

Wolfram

Übergangsmetall

Schmelzpunkt

3414 °C

Siedepunkt

5555 °C

Gruppe	Periode
6	**6**

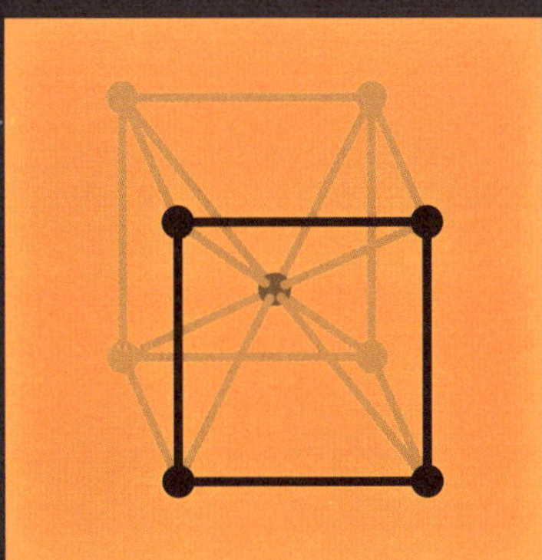

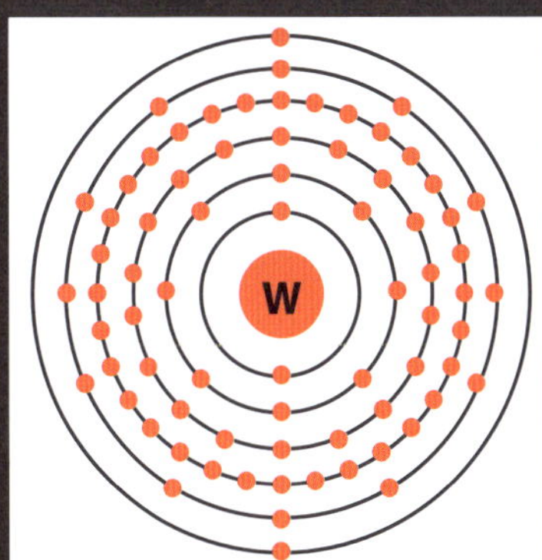

wolframio. In Schweden heißt es *volfram*, wenngleich Scheele, der zu seiner Entdeckung beitrug, ja Schwede war.

Wie auch immer man es nennt: Es ist schwer. Sehr schwer. So schwer, dass Blei sich im Vergleich wie ein Leichtgewicht anfühlt. Und anders als das weiche, formbare Blei ist Wolfram härter als Stahl und behält auch bei hohen Temperaturen seine Festigkeit. Bei unglaublichen 3400 °C beginnt es schließlich zu schmelzen – das ist der höchste Schmelzpunkt aller Metalle. Das pure Gewicht und die Unbiegsamkeit dieses Elements machten es zu einem attraktiven Material für militärische Anwendungen. In Form von Munition würde die riesige Menge kinetischer Energie, die ein Wolframprojektil mit sich führt, bei allem, auf das es abgeschossen würde, enorme Schäden anrichten. In der Hoffnung auf eine großartige Waffe wurden im frühen 19. Jahrhundert allerlei Anstrengungen unternommen, Kanonenkugeln aus Wolfram herzustellen, aber das Material war einfach zu schwer zu verarbeiten.

Lange Zeit blieb Wolfram gegenüber den chemischen, physikalischen und energetischen Kräften, mit denen man es zu beeinflussen versuchte, gleichgültig. Doch mit der Entwicklung neuer Techniken und Verfahren unterwarf es sich allmählich dem Willen der Wissenschaftler. Man entdeckte überraschende Anwendungen für Wolfram und seine Verbindungen und machte sich seine Festigkeit zunutze.

Im viktorianischen Zeitalter stellten Verbrennungen ein großes Problem dar: Häuser wurden von Öllampen und Kerzen erhellt, und die Kleider der Frauen boten reichlich leicht entzündliches Material. Wolfram hielt für beide Probleme Lösungen parat. Um die Kleider feuerfest zu machen, wurden sie mit Natriumwolframat behandelt. Wolframmetall wurde für Glühbirnen verwendet, die die Kerzen und Öllampen nach und nach ablösen sollten. Schickte man elektrischen Strom durch einen feinen Draht, heizte der sich so stark auf, dass er zu glühen begann. Dass Wolfram hohen Temperaturen so gut widerstand, machte es zum klaren Favoriten für diese Anwendung.

Doch die extremen Temperaturen, die nötig sind, um einen Draht zum Glühen zu bringen, lassen selbst Wolfram nicht gleichgültig. Frühe Glühbirnen verrußten, wenn das Metall verdampfte und sich an der Innenfläche der Glasbirne absetzte. Daraufhin kamen leichtere, dichtere Spulen zum Einsatz; außerdem wurde ein Edelgas in die Birne gepumpt, das Wolfram vor dem Verdampfen und der Korrosion schützte. Die so veränderten Wolfram-Glühbirnen waren schon bald in vielen Haushalten zu finden. Doch gerade als sich mehr und mehr Haushalte mit dem fröhlichen Licht heißen Wolframs füllten,

gingen die Lichter plötzlich aus: Der Zweite Weltkrieg führte zu Blackouts in ganz Großbritannien. Fenster wurden verdunkelt und Lichter ausgeschaltet, um den deutschen Bombern, die über die Häuser hinwegflogen, keine Hinweise zu geben. Gleichwohl war die Nachfrage nach Wolfram größer denn je. Seit der Zeit der Kanonenkugeln hatte sich die Militärtechnologie weiterentwickelt, und das schwergewichtige Wolfram wurde zu einem heiß begehrten Element für Munition. Mit Wolfram bestückte Raketen – sogenannte Wuchtgeschosse – konnten einen Panzer stoppen. Und aus mit Wolfram versetztem Stahl ließen sich hervorragende Werkzeugmaschinen herstellen, die bei der Produktion von Militärfahrzeugen und Waffen zum Einsatz kamen.

Heute hat Wolfram eine Aufgabe in verschiedenen Kämpfen gefunden – allerdings eher in sportlichen als in kriegerischen. Das Metall wird nach wie vor für seine Festigkeit und sein Gewicht geschätzt und zur Herstellung von hochwertigen Dartpfeilen und Tennisschlägern verwendet. Die metallverarbeitende Industrie benötigt weiterhin qualitativ herausragende Werkzeugmaschinen, egal ob es um die Produktion von Panzern oder Turbinen geht. Wolfram lässt sich heute besser verarbeiten, aber noch immer nutzt man seine rohen Eigenschaften, nur eben auf kultiviertere Art und Weise.

78

Pt

Platin

Das kleine Silber

Platin war lange Zeit der Underdog. Sein geringer Stellenwert spiegelte sich in seinem Namen wider: kleines Silber. Goldschürfer, die in ihren Pfannen Klumpen reinen Platins fanden, warfen diese an die tiefsten Stellen des Flusses zurück, damit sie ihnen nicht noch einmal in die Quere kamen. Südamerikanische Goldminen wurden aufgegeben, wenn sich herausstellte, dass die Vorkommen mit Platin kontaminiert waren. Wie sich die Dinge doch geändert haben!

Platin ist einfach auf dem falschen Fuß gestartet, zumindest was die Europäer betrifft. Die Spanier hatten in Südamerika große Goldvorkommen entdeckt, die aber häufig mit einem anderen Metall verunreinigt waren. Dieses Metall sah aus wie Silber – daher auch *plata*, das spanische Wort für Silber –, war aber schwer, ließ sich schlecht bearbeiten und stand dem sehr viel wertvolleren Gold im Weg – daher die Verkleinerungsform *-ina*.

Für die von Gold besessenen Spanier war *platina* ein enormes Ärgernis. Es wurde mehr oder weniger als Abfall entsorgt. Aber was dem einen das Ärgernis, ist dem anderen die Gelegenheit. Platin hatte eine ähnliche Dichte wie Gold und wurde daher zum Verschneiden von Goldmünzen verwendet. Die spanischen Behörden reagierten erbost, als sie erfuhren, dass ihre Währung durch billige Fälschungen entwertet wurde, und ordneten an, sämtliche gefälschten Münzen auf dem Meeresgrund zu versenken. Das war kein guter Anfang, und lange wurden die Dinge nicht besser.

Platin

Übergangsmetall

Schmelzpunkt

1768 °C

Siedepunkt

3825 °C

Gruppe	Periode
10	**6**

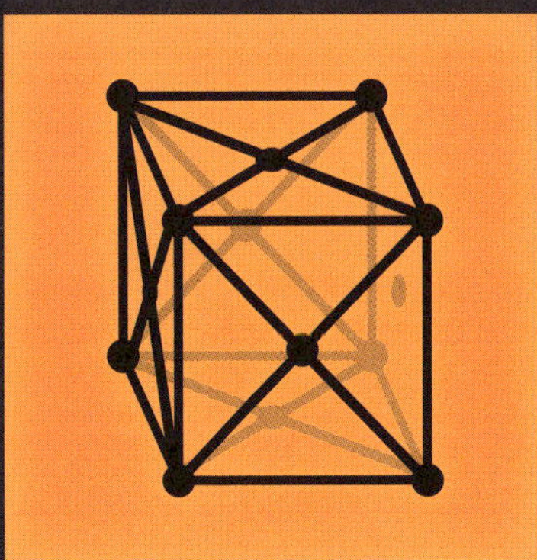

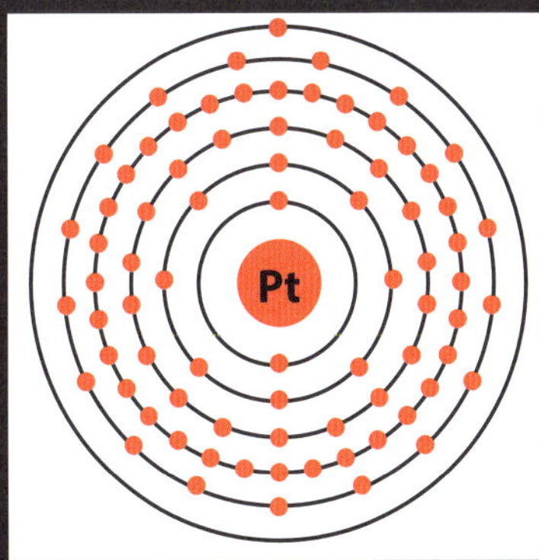

Um 1750 wurde *platina* als Kuriosität nach Europa mitgebracht. Niemand wusste genau, was er mit diesen harten Klumpen anfangen sollte. Also wurde der französische Chemiker Pierre-François Chabaneau beauftragt, eine geschmeidigere Form des Metalls zu entwickeln. Nach und nach befreite er Platin von den natürlich vorkommenden Unreinheiten, die *platina* so widerspenstig machten. Es war ein frustrierendes Unterfangen und eines Tages warf Chabaneau seine ganze Laborausrüstung hin und schrie: „Man wird mich nie wieder dazu bringen, dieses verdammte Metall zu berühren!" Drei Monate später präsentierte er einen zehn Zentimeter großen Würfel aus reinem, formbarem Platin. Blöcke des reinen Metalls machten beim europäischen Adel die Runde. Man war fasziniert von der Ähnlichkeit dieses Metalls mit Silber und erstaunt über sein unglaubliches Gewicht.

Die Tatsache, dass das neue Metall weniger schnell anlief als Silber und günstiger war, machte es zu einem interessanten Ersatz für dekorative Stücke. Aber Platin widersetzte sich störrisch den Versuchen der Metallverarbeiter, es zu verbiegen. Erst bei Temperaturen von mehr als 2000 °C – weit jenseits derer von Holzkohlefeuern – schmilzt Platin und kann in eine Form gegossen werden. Außerdem ist es viel fester als Silber und lässt sich daher nicht so einfach in eine bestimmte Form schlagen und mit Mustern verzieren.

Nichts von alldem hätte die südamerikanischen Ureinwohner überrascht, die Platin damals schon seit mindestens 2000 Jahren kannten. Sie waren sich des dekorativen Potenzials und schwierigen Verhaltens von Platin wohl bewusst, hatten aber Möglichkeiten gefunden, das unkooperative Metall zu bearbeiten und stellten seit Langem Schmuck daraus her. Man nimmt an, dass sie ein Verfahren namens Sintern nutzten. Kleine Platin- und Goldstückchen wurden dabei zusammen erhitzt, begannen langsam zu schmelzen und vermischten sich schließlich zu einem einzigen stabilen Stück Metall. Diese Platin-Gold-Legierung wurde dann wiederholt mit dem Hammer bearbeitet und erhitzt, um das Gold zu entfernen. Irgendwann fanden europäische Wissenschaftler eigenständig Möglichkeiten, Platin zu verarbeiten, doch das Verfahren war so mühsam, dass es wenig gewinnversprechend schien. Aber genau diese Festigkeit und Härte waren irgendwann Platins Rettung.

Gegen Ende des 19. Jahrhunderts beschloss Louis Cartier, wann immer möglich Platin anstelle von Silber und Gold für seinen begehrten Schmuck zu verwenden. Goldeinfassungen konnten in Verbindung mit Edelsteinen zu grell wirken. Silber ließ die Farben der Steine besser hervortreten, lief aber irgendwann an, und beide Metalle waren relativ weich, sodass man oft wuchtige Einfassungen benötigte, um die Steine sicher zu halten. Platin bot die perfekte Alternative. Aus diesem festen Metall konnten kleine, robuste Halterungen gefertigt werden. Seine weißliche Farbe und sein sanfter Schimmer stumpften nicht ab und brachten den Glanz von Diamanten wunderbar zur Geltung.

Die Platinvorräte wuchsen im Verlauf des 20. Jahrhunderts vor allem wegen der Verwendung in der Schmuckherstellung an. Nach und nach wurde es mit Klasse und gutem Geschmack in Verbindung gebracht. In den 1930er Jahren wurde es Bestandteil der Alltagsmode, als Jean Harlow ihr Haar platinblond färbte. Als man der goldenen Kreditkarten und Goldenen Schallplatten überdrüssig wurde, suchte man nach einem Element, das noch größeren Reichtum und mehr Prestige symbolisierte, und stieß dabei auf Platin. Am Ende hat der Underdog triumphiert.

79

Au

Gold
Der Nanotechnologe

Gold hat Kultstatus und ist daher mehr als nur ein Element. Es ist nicht einfach nur ein Metall und ein Kästchen im Periodensystem. Es ist eine Farbe, ein Adjektiv, ein Symbol für Reichtum und ein Zeichen von Qualität. Das Element war schon in der Antike bekannt und wird seither hochgeschätzt. Aber was macht es so besonders? Seine warme Farbe, sein sanfter Glanz und seine Formbarkeit machen es zu einem sehr begehrten Metall. Es kann in Formen gegossen, gebogen und mit reizvollen Mustern verziert werden. Zudem läuft es nicht an. Selbst verkleidet oder in geringen Mengen kann es einem Objekt einen zusätzlichen Wow-Effekt geben. Gold ist … nun ja, es ist der Goldstandard.

Jahrtausendelang galt Gold nicht nur als das Beste, sondern als perfekt. Alle anderen Metalle waren im Vergleich minderwertig, weil sie Flecken bekamen, die man als Zeichen ihrer Unreinheit interpretierte. Manche glaubten, diese anderen Metalle ließen sich in Gold umwandeln, wenn man sie nur von diesen Unreinheiten befreien könnte. Viele versuchten sich daran, aber niemand hatte Erfolg. Gold ist Gold, weil es 79 Protonen besitzt. Die einzige Möglichkeit, ein Metall in ein anderes zu verwandeln, besteht darin, an seinem Atomkern herumzubasteln und Protonen hinzuzufügen oder wegzunehmen. Dies wurde erst im 20. Jahrhundert mithilfe von Teilchenbeschleunigern möglich.

Wenn Gold keine Flecken bekam, könnte es vielleicht auch den menschlichen Körper von Unreinheiten befreien, schlussfolgerten Manche in ver-

Gold

Übergangsmetall

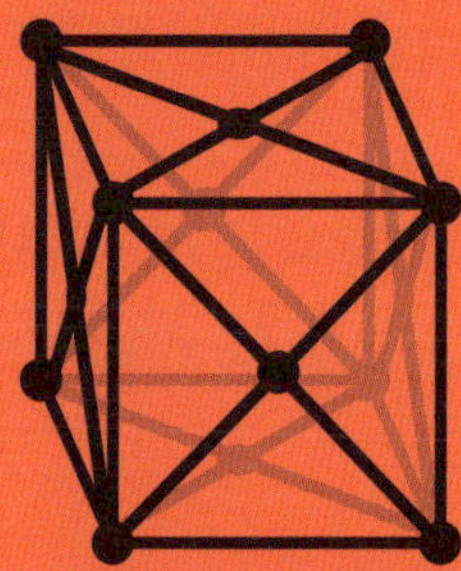

Schmelzpunkt

1064 °C

Siedepunkt

2836 °C

Gruppe	Periode
11	**6**

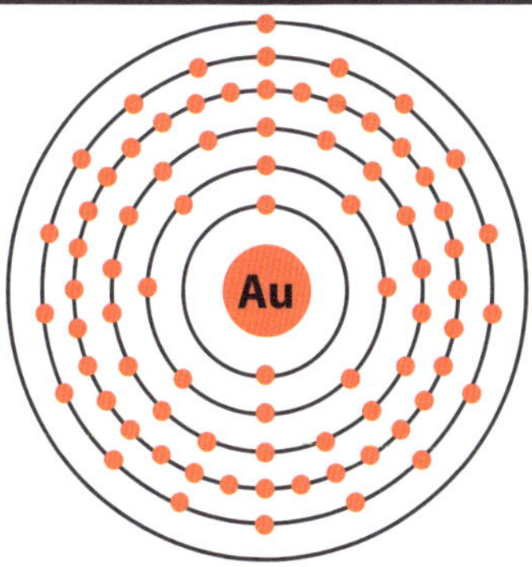

gangenen Zeiten. Es könnte medizinischen Nutzen haben, wenn man nur eine Möglichkeit fand, es dem Körper zuzuführen. Goldflocken oder -staub könnten über die Nahrung gestreut werden, aber noch besser wäre es, eine flüssige Form von Gold zu schaffen, die sich trinken ließ. Gold schmilzt bei Temperaturen über 1000 °C; geschmolzenes Gold zu trinken, würde uns Menschen also eher umbringen als heilen. Daher war die Freude groß, als man eine Flüssigkeit fand, in der sich Gold auflösen ließ.

Für mittelalterliche Alchemisten war eine Flüssigkeit, die Gold auflöste – ein Metall, das für seine Undurchlässigkeit berühmt war – etwas sehr Besonderes, also nannten sie sie *Aqua regia* oder Königswasser. Das Rezept stammte aus einer sehr viel älteren Schrift, die der muslimische Gelehrte Jabir ibn Hayyan im 7. Jahrhundert verfasst hatte. Es erforderte alle möglichen raffinierten Zutaten, verkochte dann aber zu einer wirksamen Mischung aus Chlorwasserstoffsäure und Salpetersäure. Diese Mischung zu trinken, auch wenn darin Gold aufgelöst war, konnte nur in einer Katastrophe münden, so viel stand fest. Alchemisten fanden heraus, dass die Goldlösung mit Rosmarinöl verdünnt werden konnte, ohne das Gold freizusetzen, aber dann auch ohne therapeutischen Nutzen. Im 20. Jahrhundert erlebte die Goldtherapie ein Comeback, als Wissenschaftler zwei Goldverbindungen entdeckten, Natriumaurothiomalat und Auranofin, die man zur Behandlung rheumatoider Arthritis injizieren konnte.

Ein weiteres Beispiel für eine antike Anwendung von Gold ist noch immer sehr modern. Der außergewöhnliche Lykurgosbecher stammt aus dem 4. Jahrhundert. Der Glasbecher zeigt König Lykurgos, verwickelt in Weinreben, die reliefartig hervortreten, da das umgebende Glas vorsichtig abgetragen wurde. Das allein würde den Becher zu einem wunderschönen Kunstobjekt machen, aber da ist noch mehr. Der Becher kann seine Farbe verändern, und zwar dank winziger Silber- und Goldpartikel, die lediglich ein Prozent der Glasmasse ausmachen. Wenn Licht auf den Becher fällt, sieht er grün aus, wie Jade, was sich durch die Reflektionen der Silberpartikel erklärt. Wenn aber Licht durch den Becher hindurchscheint, wechselt seine Farbe aufgrund der Goldpartikel zu Rot. Um diesen Effekt zu erzielen, musste das Verhältnis von Silber und Gold stimmen, der Hochofen musste die perfekte Temperatur haben und es bedurfte ein paar weiterer Unreinheiten, um die Metalle in ihren Idealzustand zu bringen.

Die Technologie geriet in Vergessenheit, bis bei der Glasherstellung im 17. Jahrhundert in *Aqua regia* gelöstes Gold zugefügt wurde, das dem Glas eine rubinrote Farbe gab. Doch der Trick mit dem Farbwechsel ließ sich 1300 Jahre später nicht reproduzieren. Die Erklärung dafür fand sich im 20. Jahrhundert. Da stellte sich heraus, dass sich die römischen Glasfabrikanten, wenn auch unabsichtlich, an der sehr modernen Wissenschaft der Nanotechnologie versucht hatten – der Verwendung von Substanzen im Nanobereich. Vermutlich wurde gewöhnlichem Glas zum Färben Elektrum beigefügt, eine natürlich vorkommende Legierung aus Silber und Gold. Dann trugen allerlei Zufälle dazu bei, dass Gold- und Silberpartikel zwischen 50 und 100 Nanometern (milliardstel Meter) entstanden – genau die richtige Größe, um mit sichtbarem Licht zu reagieren und den magischen Farbwechseleffekt hervorzurufen.

Viele glauben, dass Nanotechnologien eine bessere, grünere, effizientere Zukunft versprechen. Gold hat vor all diesen Jahren einen anderen Standard gesetzt.

80

Hg

Quecksilber

Der Verrückte

Quecksilber hat das Zeug zur Legende. Es hat Hutmacher in den Wahnsinn getrieben, Könige getötet und Alchemisten verfolgt. Seit tausenden Jahren wird über dieses seltsame Element spekuliert; Theorien dazu füllen hunderte Bücher. Wissenschaftler, Philosophen und Neugierige haben viel Zeit damit zugebracht, dieses rätselhafte Metall zu studieren. Was an Quecksilber ruft ein solches Interesse hervor? Nun ja, Quecksilber ist durch und durch verrückt, und es steht dazu.

In der Wissenschaft gibt es viele Dinge, die zweifellos korrekt sind, aber gleichwohl unsere Vernunft herauszufordern scheinen. Wir alle versuchen, der Welt einen Sinn zu geben, indem wir unbekannte Dinge mit bekannten vergleichen, um herauszufinden, wie sie sich womöglich verhalten oder was wir von ihnen erwarten können. Aber Quecksilber ist nicht wirklich mit etwas anderem vergleichbar. Es glänzt wie Silber, ist aber flüssig wie Wasser. Blei schwimmt auf seiner spiegelgleichen Oberfläche, Gold hingegen versinkt in seinen Tiefen. Quecksilber ergibt keinen Sinn.

Bei den Alchemisten nahm Quecksilber aufgrund seines seltsamen Verhaltens eine einzigartige Stellung ein. Die Art, wie sich das Metall bewegte und über Oberflächen glitt, ließ es nahezu lebendig wirken. Wird Quecksilber mit Gold vermischt und über mehrere Tage auf die richtige Temperatur erhitzt, kann es, wie ein lebender Baum, Sprossen treiben. In seinen ungewöhnlichen Eigenschaften vermutete man Hinweise auf eine tiefere Wirklichkeit oder fun-

Quecksilber

Übergangsmetall

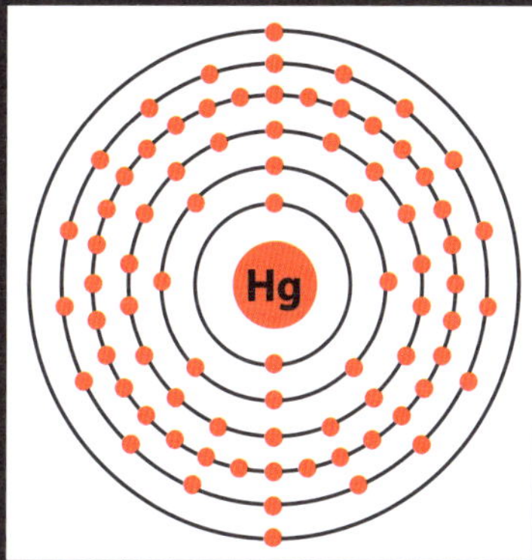

Schmelzpunkt

−39 °C

Siedepunkt

357 °C

Gruppe	Periode
12	**6**

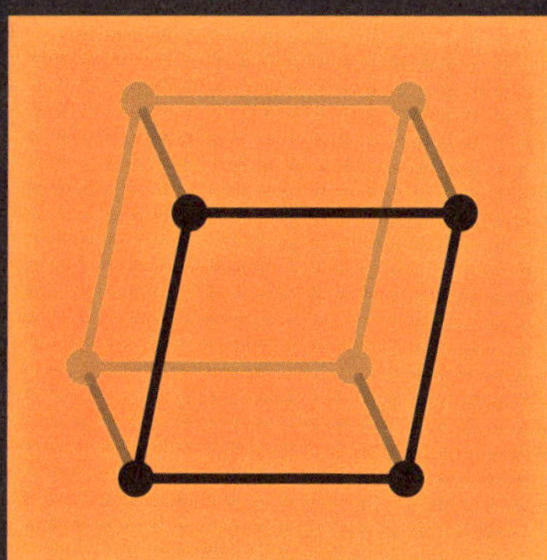

damentale Substanz, und jahrhundertelang bewarfen Alchemisten das eigenartige Material mit allem Möglichen, um ihm seine verborgenen Geheimnisse zu entlocken.

Viele dachten, dass Quecksilber womöglich die eigentliche Essenz des Lebens sei oder diese enthalte. Wenn es gelänge, diese zu extrahieren oder auf irgendeine Art zu nutzen, könnte sie vielleicht an andere Dinge übertragen werden. Eine zentrale Rolle spielte Quecksilber häufig bei der Suche nach dem Stein der Weisen, dieser mythischen Substanz, von der man annahm, sie könne alle Metalle auf magische Weise in reines Gold verwandeln. Eine ebensolche Bedeutung hatte es für die Jagd nach einem Lebenselixier, einer Medizin, die alle Krankheiten heilen und das Leben unendlich verlängern würde. Solche Spekulationen stellten nicht nur die Leichtgläubigen und Gierigen an. Berühmte Wissenschaftler wie Isaac Newton experimentierten mit Quecksilber. König Karl II. von England starb infolge der Quecksilberexperimente, die er in einem schlecht belüfteten Raum seines Palastes durchführte.

Aber es gibt keinen Stein der Weisen, und das Geheimnis des ewigen Lebens entzieht sich der Wissenschaft bis heute. Im 18. Jahrhundert, der Zeit der Aufklärung, wirkte die Alchemie zunehmend veraltet und unzuverlässig. Doch Quecksilber betrug sich noch immer genauso seltsam. Selbst in einer immer stärker von der Wissenschaft geprägten Welt weigerten sich viele zu glauben, dass es ein Metall ist.

Als Sibirienreisende bei ihrer Rückkehr nach Europa Geschichten von Quecksilber erzählten, das wie jedes andere Metall zu einem Festkörper gefriert, wurden sie ausgelacht. Quecksilber war zu außergewöhnlich, um sich so gewöhnlich zu verhalten. Es war ein Synonym für Fließvermögen, daher auch sein anderer Name *hydrargyrum* (lateinisch für „Silberwasser"), von dem es auch sein chemisches Symbol hat: Hg. Doch im Dezember 1759 entlarvten zwei russische Wissenschaftler, Josef Adam Braun und Michail Wassiljewitsch Lomonossow, diese Vorstellung als falsch.

Die beiden führten Experimente mit extremer Kälte durch. Wenn Schnee mit Salz vermischt wurde, sank seine Temperatur unter Null, wie ihr Quecksilberthermometer anzeigte. Durch Hinzufügen von Säuren oder anderen Substanzen konnten sie die Temperatur noch weiter senken. Irgendwann hörte das Quecksilber in ihrem Thermometer auf zu sinken. Verblüfft zerbrachen sie das Glas und fanden da, wo vorher die Thermometerbirne war, eine feste Quecksilberkugel, aus deren Spitze ein dünner Draht emporragte, der sich wie gewöhnliches Metall verbiegen ließ.

Befreit von ihrem mystischen Glanz ließen sich die Eigenschaften, die Quecksilber so merkwürdig machten, wie die jedes anderen Materials erforschen. Wenn Quecksilber eine solche Vorliebe für Gold hatte, könnte es genutzt werden, um das kostbare Metall aus Erzen zu extrahieren. Wenn eine so verdammt schwere Substanz so beharrlich flüssig blieb, könnten die schweren Drehfeuer von Leuchttürmen darin gelagert werden und würden beim geringsten Schub rotieren. Wenn es wirklich ein Metall war, könnte es in der Elektronik genutzt werden, um den Stromfluss zu stoppen und zu starten, wenn die Flüssigkeit über innenliegende Schalter schwappte.

Diese Anwendungen waren recht kurzlebig. Schließlich ist Quecksilber launisch. Ein solcher Nutzen hat seinen Preis, und dieser Preis ist die Gesundheit. Die Gefahren waren zwar seit der Antike bekannt, doch der Preis war nicht länger hinnehmbar. Weil Quecksilber so giftig ist, wurde es wo immer möglich ersetzt. Und dennoch fasziniert uns dieses Metall, das einzige im Periodensystem, das bei Raumtemperatur flüssig ist, nach wie vor, denn es ist anders als alles andere. Es passt sich nicht an, geht keine Kompromisse ein und lässt sich nicht in eine Schublade stecken. Quecksilber, so verrückt es sein mag, ist stolz und ungeniert einfach es selbst.

81

Tl

Thallium
Der Wolf im Schafspelz

Zu behaupten, die US-Regierung hätte Fidel Castro nicht gemocht, wäre eine Untertreibung. Mindestens acht Regierungen stehen im Verdacht, geheime Pläne zur Absetzung des kubanischen Führers ausgeheckt zu haben. Über mehr als 40 Jahre unternahm die CIA 634 Mordversuche – das jedenfalls behauptet der Leiter des kubanischen Geheimdienstes Fábian Escalante. In dem Bemühen, El Comandante zu eliminieren, wurden offenbar alle erdenklichen Mittel in Betracht gezogen, von ausgeklügelt bis lächerlich.

Eine Idee, die in der Frühzeit des Castro-Regimes entwickelt wurde, bestand darin, ihn mit einer LSD-artigen Substanz zu besprühen, während er eine Rede hielt. Das Ziel war weniger, den Comandante zu töten, als vielmehr, ihn zu demütigen, aber die Dinge eskalierten schnell. Im August 1960 wurde der Vorschlag, Castros Lieblingszigarren zu vergiften, so weit umgesetzt, dass eine Schachtel mit 50 Zigarren mit dem stark toxischen Botulinumtoxin verunreinigt wurde. Fidel hätte sie nicht einmal rauchen müssen; das Gift hätte ihn bereits umgebracht, wenn er eine Zigarre zwischen die Lippen genommen hätte. Doch statt in Kuba landeten die Zigarren im Safe des stellvertretenden CIA-Direktors. Andere Komplottpläne, etwa mit Sprengstoff gefüllte Muscheln oder mit einem krankheitserregenden Pilz bestäubte Tauchanzüge, wurden aufgegeben, weil sie entweder nicht umsetzbar waren oder im Vorfeld durchkreuzt wurden.

Doch als die CIA erfuhr, dass Castro einen Chinabesuch plante, sah sie darin eine hervorragende Gelegenheit, einen weiteren Plan in die Tat umzusetzen.

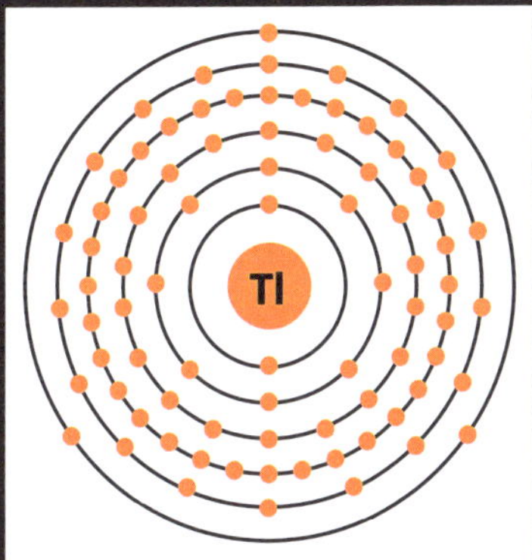

Schmelzpunkt

304 °C

Siedepunkt

1473 °C

Gruppe	Periode
13	**6**

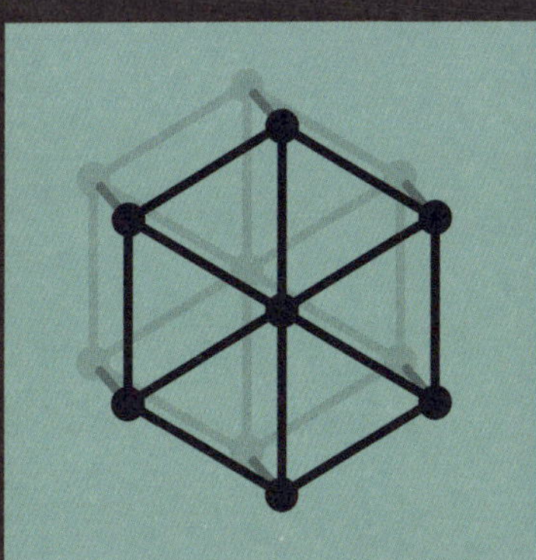

Thallium

Borgruppe

Die Amerikaner brauchten etwas Diskretes, etwas, das demütigte, während es tötete, aber schwer aufzuspüren war oder sich zumindest schwer bis zur CIA zurückverfolgen ließ. Um einen so wichtigen Auftrag zu erfüllen, musste dieses Etwas ganz besonders verschlagen sein. Ihre Wahl fiel daher auf Thallium, denn es gibt kaum etwas, das verschlagener ist als dieses Element.

Thallium arbeitet wie ein Geheimagent. Die Salze dieses Metalls gelangen über die Haut, die Lungen oder den Verdauungsapparat in den menschlichen Körper, ohne dass dieser Alarm schlägt. Es nimmt eine falsche Identität an, eine Verkleidung, mit der es den flüchtigen Beobachter oder die biologischen Schutzmechanismen im menschlichen Körper täuscht, zumindest eine Zeit lang. Thallium präsentiert sich als gewöhnliches Kalium. Es arbeitet sich an die Kaliumpositionen im Körper vor, nur um die normalen Funktionen von Kalium zu stören. Thallium kann sich auch an Schwefelatome binden und damit schwefelhaltige Enzyme und Proteine in Formen bringen, die weniger gut funktionieren.

Ein Plan wurde ausgeheckt, wie sich Thalliumsalze auf Castros Schuhe aufbringen lassen könnten, wenn er sie zum Polieren auszog. Das Gift würde langsam wirken, und die Symptome, die es verursachte, würden davon abhängen, welche Kaliumfunktion gestört oder welche Enzyme beschädigt würden. Es würde den Ärzten Rätsel aufgeben und die wahre Ursache für das schlechte Befinden des kubanischen Führers verschleiern. Ein übliches Symptom einer Thalliumvergiftung, das die CIA besonders interessierte, war Haarausfall. Das Gift in Castros Schuhen würde ihn nicht nur sehr krank machen, vielleicht sogar töten. Es würde auch seinen berühmten Bart ausfallen lassen, was eine schwere Demütigung bedeutete. Für die Forschungs- und Entwicklungsabteilung der CIA war die Beschaffung von Thallium ein Leichtes. In den 1960er-Jahren wurden

Thalliumsalze rezeptfrei in Enthaarungscremes, zu kosmetischen Zwecken oder zur Vorbereitung der Behandlung von Hautproblemen verkauft.

Nachdem sich die Geheimdienstler also Thallium beschafft hatten, wurde es an Tieren getestet. Warum solche Versuche notwendig waren, ist nicht ganz klar. Die giftige Wirkung von Thallium war damals wohlbekannt, und die Substanz war Hauptbestandteil von kommerziellem Rattengift und Insektiziden. Die Tatsache, dass es für Haarausfall sorgte, war ein deutliches Zeichen für seine schädlichen Auswirkungen auf den menschlichen Körper, auch wenn dieser Effekt Manchen als positive Eigenschaft galt. Vielleicht sollte auch einfach nur die Verabreichungsmethode getestet werden. Ob für die Tiere kleine mit Thallium lackierte Schuhe angefertigt wurden, ist nicht bekannt, zumindest ist es nicht in den offiziellen Dokumenten vermerkt, die bislang veröffentlicht wurden. Dann sagte Castro die Reise ab.

Die Thalliumpläne wurden zurückgestellt, aber in den folgenden Jahrzehnten wurden hunderte weitere Ideen ersonnen, getestet und schlugen fehl. Castro starb 2016 im hohen Alter von 90 Jahren. Obwohl keine Todesursache genannt und sein Körper am Morgen nach seinem Tod eingeäschert wurde, sieht es doch nicht so aus, als hätte die CIA ihre Finger im Spiel gehabt. Die letzten Bilder, auf denen der Comandante wenige Wochen vor seinem Tod mit anderen Staatsoberhäuptern zu sehen ist, zeigen ihn mit vollem Haar und seinem charakteristischen Bart, der mit dem Alter weiß geworden, aber immer noch intakt ist.

82

Pb

Blei
Der falsche Freund

Blei ist der Iago des Periodensystems. Man hält ihn für einen Freund, aber er ist keiner. Er gibt sich stets hilfsbereit, charmant und verlässlich, plant aber hinterrücks die komplette Zerstörung seines Gegenübers und manipuliert dessen Welt für seine eigenen ruchlosen Zwecke.

Anders als einige andere Metalle konnte Blei sich nie mit seinem Aussehen und seinem sozialen Standing in die Welt der Menschen hineinschmeicheln. Es hat nicht den Glamour oder das Prestige anderer Metalle, sondern nur eine matte Farbe. Blei macht uns glauben, dass wir es in unserem Leben brauchen, weil es nützlich ist. Es kann sich so anfühlen, als halte Blei stets eine stützende Hand an unserem Rücken. In der Vergangenheit hat nicht jeder bemerkt, dass diese Hand ein Messer hielt.

Jahrtausendelang haben Menschen sich vom Nutzen des Bleis hinters Licht führen und dazu bringen lassen, seine hervorragenden Eigenschaften bestmöglich einzusetzen. Für sich allein ist Blei sehr weich, leicht formbar und korrosionsbeständig. Es eignete sich perfekt zum Formen von Rohren und hundert weiteren nützlichen Dingen. Blei versetzte die Römer in die Lage, ihre Gesellschaft auf ganz neue Ebenen des Wohlstands und der Gesundheit zu heben: Durch Bleirohre transportierten sie riesige Wassermengen und versorgten so die große Bevölkerung innerhalb des gewaltigen Reichs.

Auch Bleiverbindungen schienen wünschenswerte Eigenschaften zu bieten. Die Römer machten viele technologische Fortschritte, aber auf manchen Ge-

Schmelzpunkt

327 °C

Siedepunkt

1749 °C

Gruppe	Periode
14	**6**

Blei

Kohlenstoffgruppe

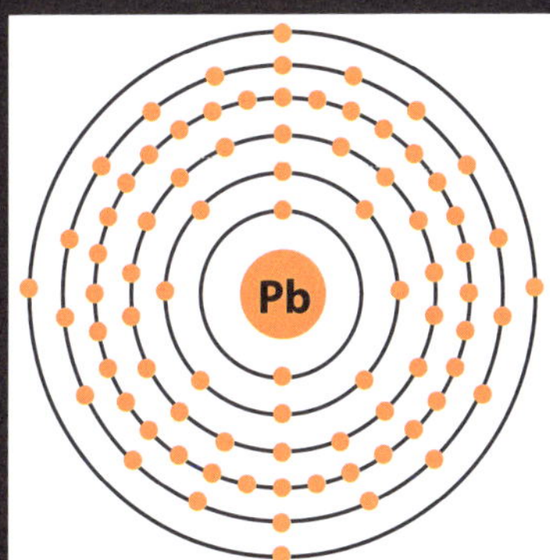

bieten hatten sie noch Defizite. Zum Beispiel kannten sie keinen Zucker. Zum Süßen ihrer Nahrung hatten sie lediglich Honig – bis Blei ihnen seine Dienste anbot. Bleiacetat, auch bekannt als Bleizucker, hat die ungewöhnliche Eigenschaft, süß zu schmecken. Die Römer kochten den Most, der beim Keltern von Trauben entstand, in Bleipfannen ein. Dabei reagierte die Essigsäure der Trauben mit der Pfanne, das Bleiacetat löste sich und verstärkte die Süße des Mostes. Es entstand Sapa, ein Weinsirup, der dann sauren Weinen zugesetzt wurde, um sie besonders schmackhaft zu machen.

Wenn Blei darauf aus war, sich unverzichtbar zu machen, so erreichte es mit den Römern sein Ziel. Aber Blei war mit der Menschheit noch nicht fertig, noch lange nicht. Im 16. Jahrhundert war die alternde Königin Elisabeth I. von England bestrebt, ihr jugendliches Aussehen so lange wie möglich zu bewahren. Um ihre pockennarbige Haut, ihre Falten und andere Schönheitsfehler zu verdecken, schmierte sie sich schichtweise Bleiweiß ins Gesicht und setzte damit einen Modetrend, der über Jahrhunderte anhielt.

Sogar die moderne Welt mit ihrem größeren wissenschaftlichen Verständnis ließ sich von den Eigenschaften des Bleis verführen. Im 20. Jahrhundert versprachen Autos, die Welt zu verändern, aber die Motoren, von denen sie angetrieben wurden, stotterten und stockten, wenn sie reines Benzin verbrannten. Die Rettung war Tetraethylblei. In kleinen Mengen beigemischt, veränderte es die Art und Weise, wie Benzin verbrannte, und bewahrte die Motoren davor, sich selbst zum Stillstand zu bringen.

Blei hat den Menschen geholfen, große Reiche aufzubauen, ihnen ein jugendliches Aussehen gegeben und ihnen den Weg in die moderne Welt geebnet. Allerdings zu einem hohen Preis. In all der Zeit war Blei auch in die Körper der Menschen eingedrungen: über ihre Nahrung, ihre Haut und die Luft, die sie atmeten. Das Element machte stets den Eindruck, hilfreich zu sein, richtete aber großen Schaden an: Es schädigte Nerven und Nieren. Die Zeichen waren von Anfang an sichtbar, aber viele beschlossen, sie zu ignorieren oder behaupteten, der sichtbare Schaden an ihrem Körper sei erwünscht.

Römische Prostituierte aßen löffelweise Sapa, um einen hellen Teint zu bekommen. Das Blei beschädigte die Enzyme, die normalerweise für die Produktion roter Blutkörperchen benutzt werden, und ließ die Damen schwach und kraftlos werden. Zudem machte es sie unfruchtbar. Für den modernen Menschen ist das ein klares Zeichen für eine Vergiftung, damals wurde es als Vorzug wahrgenommen. Das Blei in Wasser, Nahrung und Wein vergiftete die römische Bevölkerung nach und nach in mehr oder weniger großem Ausmaß. Blei hat den Zusammenbruch des römischen Reichs vielleicht nicht allein herbeigeführt, aber es hat mit Sicherheit dazu beigetragen. Die Frauen der Renaissance kannten die Gefahr, die von Blei ausging. Das hielt sie jedoch nicht davon ab, es für die tägliche Hautpflege zu verwenden. Es ließ ihre Zähne dunkler werden und ihre Haare ausfallen. Die Mode passte sich diesen Veränderungen einfach an: Hohe Stirn und dunkle Zähne galten als schön.

Ganz gleich wie groß die Vorteile oder wie klein die Menge: Auf die Dauer ist uns Blei keine Hilfe. Bleiverbindungen wurden aus Kosmetik, Farben und Benzin entfernt. Die Ersatzstoffe wirken vielleicht nicht genauso gut, aber die Gefahr, dass sie uns schaden, ist sehr viel geringer. Wir Menschen haben lange gebraucht, aber letztlich verstanden, dass man Blei einfach nicht trauen kann.

83

Bi

Bismuth
Der Gutaussehende

Die meisten Elemente lassen sich anhand der Gesellschaft beurteilen, mit der sie sich umgeben. Nicht so Bismuth. Es wird von einigen der scheußlichsten, giftigsten Elemente des Periodensystems umringt. Daher würde man erwarten, dass es genauso unangenehm ist. Doch im unteren Bereich der Stickstoffgruppe, die bisweilen als „Gasse der Giftmörder" bezeichnet wird, liegt ein Funken Hoffnung und Glück.

Bismuth ist der Dorian Gray des Periodensystems: Es besitzt ein schönes Erscheinungsbild, an dem die Zeit keine Spuren hinterlässt. Obwohl es mit Giftmördern in Verbindung gebracht wird und hässliche Gewohnheiten hat – zum Beispiel Radioaktivität –, bewahrt sich Bismuth sein gutes Aussehen und seinen ausgezeichneten Ruf. Und auf dem Dachboden von Bismuth liegt kein hässliches Bildnis.

Nur wenige Metalle werden so für ihre natürliche Schönheit bestaunt wie Bismuth. Viele Menschen bewundern Statuen, die aus verschiedenen Metallen gegossen und geformt sind, aber nur wenige Metalle werden als eigenständiger Schmuck ausgestellt. Kristalle aus reinem Bismuth dagegen zieren viele Schreibtische und Bücherregale, denn sie wachsen in verblüffenden stufenartigen Mustern, die die Regenbogenfarben spiegeln, und erinnern an ein unter LSD-Einfluss entstandenes Escher-Bild. Diese bunten, auf links gedrehten Pyramiden entstehen, weil das Kristall sich an den Rändern am schnellsten bildet und eckige Hohlräume hinterlässt. Die irisierenden Farben ergeben sich

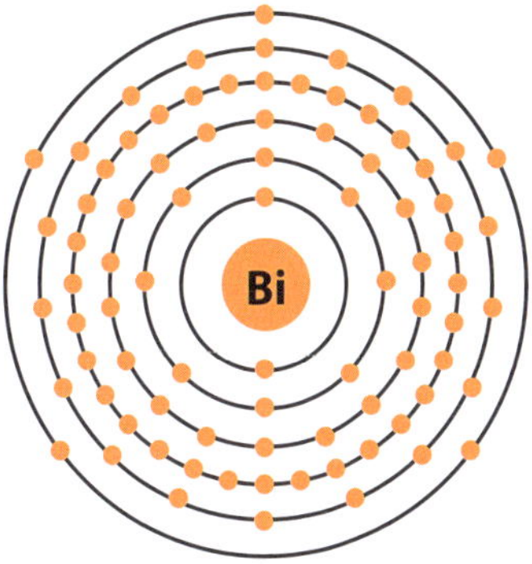

Bismuth

Stickstoffgruppe

Schmelzpunkt

271 °C

Siedepunkt

1564 °C

Gruppe	Periode
15	**6**

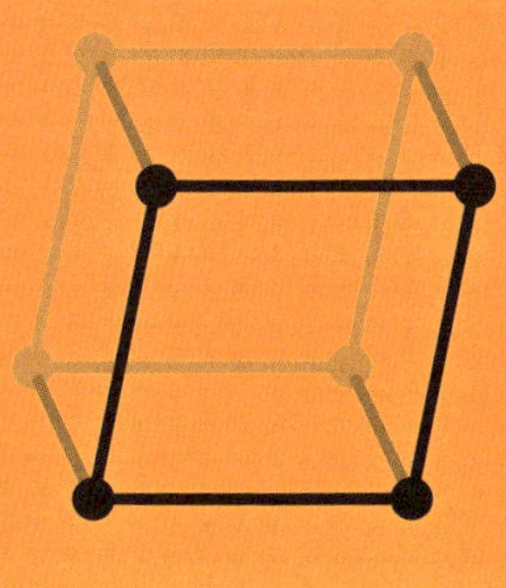

durch weißes Licht, das sich auf der Oberfläche, die mit einer Bismuth-Sauerstoff-Schicht überzogen ist, bricht. Die meisten Metalle bekommen, wenn sie mit Sauerstoff reagieren, einen matten Ton und laufen an. Bismuth dagegen wird noch schöner. Bismuth sieht toll aus, und es kann auch uns Menschen toll aussehen lassen.

Mit Sauerstoff und Chlor verbindet sich Bismuth zu Bismuthoxychlorid, das wegen seiner Ähnlichkeit mit Perlmutt auch als Perlweiß bekannt ist. Die aus Sauerstoff, Chlorid und Bismuth gebildeten Schichten reflektieren das Licht in verschiedenen Tiefen durch den Kristall und geben ihm einen wunderschönen, perlartigen Schimmer. Die alten Ägypter mischten es für zusätzlichen Glanz in ihre Kosmetik. Damit setzten sie einen Make-up-Trend, der bis heute andauert: Bismuthoxychlorid ist in sämtlichen Haar- und Nagelprodukten sowie in Lidschatten und Gesichtspuder enthalten. Die dünnen Perlweißflocken reflektieren und zerstreuen das Licht. Damit geben sie der Haut einen sanften Schimmer und verwischen Falten und Schönheitsfehler.

Aber ist es klug, sich Schwermetallverbindungen aufs Gesicht zu stäuben? Insbesondere, wenn das Schwermetall aus einer langen Reihe notorischer Giftmörder stammt? Keine Sorge: Bismuth ist das schwarze Schaf seiner verruchten Familie, denn es ist nicht nur unschädlich, sondern unter bestimmten Umständen sogar gut für uns. Der bekannte Säurebinder Pepto-Bismol tötet Bakterien ab, die Magenverstimmungen verursachen, und beruhigt entzündete Magenschleimhäute (dennoch sollte man immer erst den Beipackzettel lesen). Bismuth klingt vielleicht zu gut, um wahr zu sein, und ein bisschen Strahlung könnte seinen Ruf sicherlich anknacksen.

Seiner Position im Periodensystem nach zu urteilen, müsste Bismuth instabil und zerstörerisch sein, stattdessen ist es bemerkenswert zufrieden und selbstbeherrscht. Die Atome aller Elemente, angefangen bei Wasserstoff, müssen immer mehr positive Protonen in ihre kleinen Kerne packen. Positive Ladungen stoßen einander ab, und damit nicht alles auseinanderfliegt, müssen auch immer mehr Neutronen aufgenommen werden, die alles zusammenhalten. Dieses System funktioniert mehr oder weniger bis hin zu Blei. Elemente, die schwerer sind als Blei, haben so viele Protonen und Neutronen, dass sie nicht mehr beherrschbar sind. Um die Last zu mindern, stoßen diese schwereren Elemente mit unterschiedlicher Geschwindigkeit und Kraft Teilchen vom Kern weg, um sich in leichtere, stabilere Elemente zu verwandeln. Das bezeichnet man als Radioaktivität.

Bismuth liegt nur einen Schritt hinter Blei, dem letzten stabilen Element im Periodensystem, und sollte daher radioaktiv sein. Theoretische Kalkulationen haben denn auch gezeigt, dass es durch Ausstoßen von Alphapartikeln (Einheiten aus zwei Protonen und zwei Neutronen) zerfallen und zu stabilem Thallium werden müsste. Und obwohl Bismuth radioaktiv ist, geht es so unaufdringlich damit um, dass diese Eigenschaft jahrzehntelang übersehen wurde.

Erst 2003 kamen Wissenschaftler und Wissenschaftlerinnen der schwer erfassbaren Verwandlung auf die Spur und entdeckten die Alphateilchen, die von aufgeblähten Bismuthkernen weggestoßen wurden. Dafür mussten sie eine große Menge Bismuthatome (62 Gramm oder rund 178 Millionen Quadrillionen Atome) zusammensammeln, sie in einen extrem empfindlichen Detektor platzieren und abwarten. In fünf Tagen stießen nur 128 Bismuthatome Alphateilchen aus und wurden zu Thallium. Bis die Hälfte der Bismuthatome in den Proben zerfallen, würde es eine Milliarde Mal länger dauern als das Universum alt ist. Bismuth ist in seiner Radioaktivität so diskret, dass es genauso gut nicht radioaktiv sein könnte. Es ist das stabilste instabile Element im Periodensystem. Bismuth wird uns alle überdauern.

84

Po

Polonium
Die Verkörperung des Teufels

An Polonium ist wenig Liebenswertes. Es ist eines der tödlichsten Elemente im Periodensystem und besitzt nur wenige positive Eigenschaften. Die wenigen Anwendungsmöglichkeiten, die für das Element entdeckt wurden, sind ungewöhnlich und sehr speziell. Es wäre vermutlich in wohlverdienter Dunkelheit verschwunden, doch dann wurde es durch politische Streitigkeiten auf internationaler Ebene wieder ins Rampenlicht gezerrt.

Pierre und Marie Curie entdeckten das Element 1898. Sie waren fasziniert von Uranerzproben, die eine stärkere Radioaktivität aufwiesen, als dies für Uran allein möglich sein sollte. Also machten sie sich auf die Suche nach der Quelle dieser intensiven Strahlung, hinter der sie ein bisher unbekanntes Element vermuteten. Über Jahre hinweg siebten und raffinierten sie tonnenweise Uranerz-Rückstände. Diese Arbeit hinterließ Narben radioaktiver Verbrennungen an ihren Händen, ruinierte ihre Gesundheit und resultierte in wenigen hundert Gramm nicht eines, sondern zweier neuer Metalle. Namen für diese neuen Elemente hatten sie sich bereits überlegt: Das eine sollte Radium heißen, wegen seines Leuchtens; das andere Polonium, nach Polen, dem Geburtsland von Marie. Das Land war damals gerade von benachbarten Staaten annektiert worden, und die polnische Sprache und Kultur wurden massiv unterdrückt.

Polonium

Sauerstoffgruppe

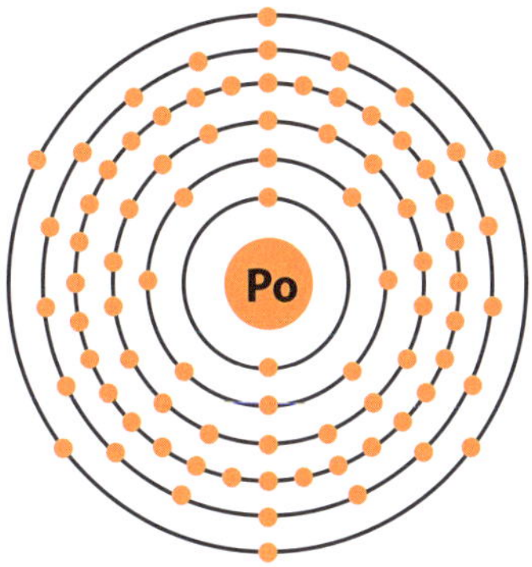

Schmelzpunkt

254 °C

Siedepunkt

962 °C

Gruppe	Periode
16	**6**

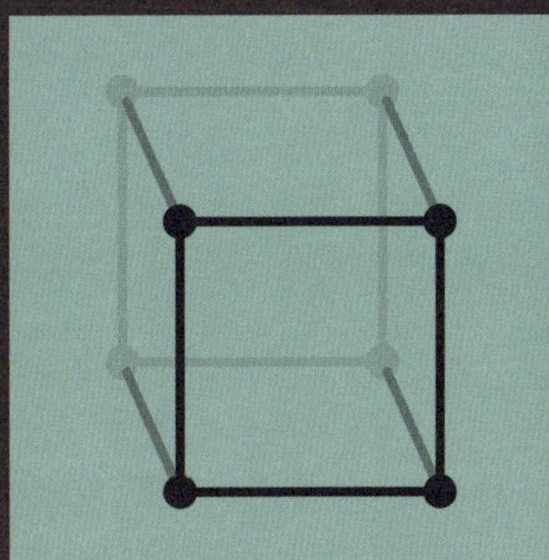

Maries Absicht war gut, aber bei näherer Betrachtung gereichte die Assoziation mit dem Element dem Land nicht zum Vorteil. Rückblickend erwies sie Polen, das für seine Unabhängigkeit kämpfte, keine große Ehre. Poloniummetall war mehr oder weniger nutzlos und für die menschliche Gesundheit erschreckend gefährlich. Die Curies jedoch freuten sich verständlicherweise sehr über „ihre" Elemente. Manchmal ging das Paar abends noch einmal ins Labor, um das Leuchten zu bewundern, das ihre hart erarbeiteten Proben abgaben.

1904 nahm Mark Twain die Entdeckungen der Curies in seine Kurzgeschichte *Sold to Satan* auf – damals war die Freude über die neuen Elemente noch groß und wenig darüber bekannt, welche Gefahren von ihnen ausgingen. In dieser Erzählung wird der Teufel als 185 Zentimeter großes und 400 Kilogramm schweres reines Radium beschrieben, das von einer Poloniumhaut eingehüllt ist. Er ist eine „Statue aus fahlem Licht … eine strahlende Pracht". Der Sterbliche, der den Teufel zu sich gerufen hat, ist von dem seltsamen Licht des Poloniums begeistert, genau wie die Curies es waren. Doch was für den einen ein zauberhaftes Leuchten, ist für den anderen eine ernste Warnung. Der blassblaue Schein entsteht dadurch, dass die Luft um das Polonium herum von der Strahlung, die es abgibt, auseinandergerissen wird. Mikroskopisch kleine Mengen Polonium werden daher manchmal für antistatische Geräte benutzt.

Twains Teufel hat noch mehr Tricks auf Lager: Der Satan kann eine Zigarre durch eine Berührung mit seiner Fingerspitze anzünden. Die enorme Energie, die durch den radioaktiven Zerfall des Poloniums erzeugt wird, kommt manchmal auch als Wärme daher. Eine Kapsel mit nur einem Gramm Polonium erreicht eine Temperatur von 500 °C. Das Element kann daher eingesetzt werden, um Mondrover in kalten Mondnächten warmzuhalten.

Mark Twains „sanft leuchtender, stark schwelender" Satan verweist auf die gewaltige Kraft, die in ihm schlummert. Die Bedrohung, die der Teufel für die Menschheit darstellt, wird durch seine bloße Existenz verkörpert: „Zöge ich meine Haut ab, die Welt würde in einem Feuerblitz und einer Rauchwolke verschwinden." Twain hat sich in allerlei wissenschaftlichen Details geirrt, aber hinsichtlich der Macht radioaktiver Elemente hat er bemerkenswerte Weitsicht bewiesen.

Nachdem sich die Aufregung um die Entdeckung von Polonium gelegt hatte und klar war, dass es sich nur für wenige Anwendungen einsetzen ließ und erhebliche Nachteile mit sich brachte, geriet das Element weitgehend in Vergessenheit. Es war zu selten, um eine Bedrohung für die allgemeine Gesundheit darzustellen. Für die meisten Menschen wurde Polonium schlicht zu einem weiteren Feld im Periodensystem. Aber nicht alle hatten es vergessen. Im Jahr 2006 sorgte Polonium für ein politisches Unwetter, als es zum Vergiften eines in Großbritannien lebenden ehemaligen KGB-Agenten eingesetzt wurde.

Wenn Polonium die Luft auseinanderreißen und Mondrover im Weltall warmhalten kann, kann man sich leicht vorstellen, welche Schäden es im menschlichen Körper anzurichten vermag. Die maximale unschädliche Körperbelastung liegt bei unvorstellbar winzigen sieben Picogramm (0,0000000000007 Gramm), wodurch Polonium eine Trillion Mal tödlicher ist als Blausäure (Cyanwasserstoff). Alexander Litwinenko schluckte geschätzt 100 mg (0,1 Gramm) Poloniumchlorid – vielleicht hatten seine Mörder gehofft, dass sich dieses Gift nicht nachweisen ließe. Doch Poloniums starker radioaktiver Zerfall hinterließ eine Spur der Vergiftung, die nach Russland führte und eine ausgeprägte politische Meinungsverschiedenheit hervorrief über das, was geschehen, wer verantwortlich und was zu tun war. Das Element erhielt mehr öffentliche Aufmerksamkeit, als es ein Jahrhundert lang bekommen hatte. Sein Standing jedoch war so schlecht wie nie zuvor.

92

U

Uran
Der Gamechanger

Man kann das Periodensystem wie ein Buch lesen. Während man, beginnend mit Wasserstoff, von links nach rechts die Reihen entlangwandert wie über die Zeilen eines Buches, tauchen stetig neue Charaktere auf, werden Trends und Muster sichtbar. Abgesehen von ein paar Überraschungen entwickelt sich die Geschichte der Elemente sehr vorhersehbar. Und gerade, wenn man es sich in diesem regelmäßigen Rhythmus bequem gemacht hat, kommt man zum Uran. Der 92. Teil der Elemente-Saga bildet den Wendepunkt am Ende der Periodengeschichte.

Aus einer historischen Perspektive betrachtet, wurde die Geschichte des Urans perfekt inszeniert. Sie begann als Nebenstrang, als Hintergrunderscheinung, die die Szene interessanter machen sollte. Ohne genau zu wissen, worum es sich dabei handelte, benutzten die alten Römer Uranoxiderze, um gelbe Lasuren für ihre Keramik herzustellen. Im Mittelalter stellten Kunsthandwerker gelbes Glas aus Uranpecherz her, das in Böhmen abgebaut wurde.

1789 rückte Uran etwas mehr in den Vordergrund. Es wurde zu einem namhaften, gleichwohl nicht sehr bedeutenden Charakter in einem großen Ensemble. In der Annahme, ein neues Metall aus Uranpecherz isoliert zu haben, nannte es der deutsche Chemiker Martin Heinrich Klaproth Uran, nach dem Planeten Uranus. Tatsächlich hatte er Uranoxid isoliert. Der Erste, der reines Uranmetall produzierte, war 1841 der französische Chemiker

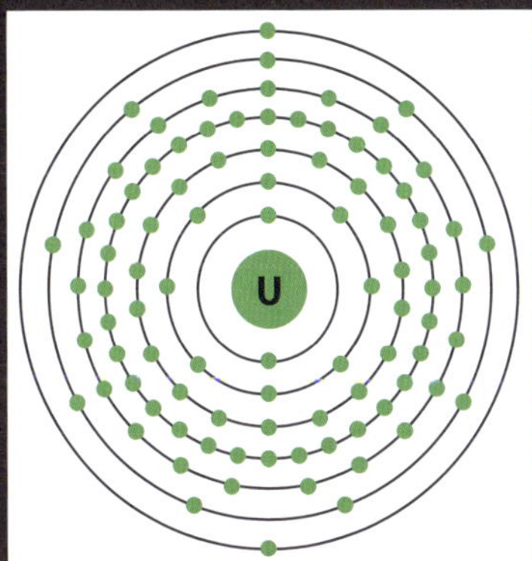

Schmelzpunkt

1135 °C

Siedepunkt

4131 °C

Gruppe	Periode
f-Block	**7**

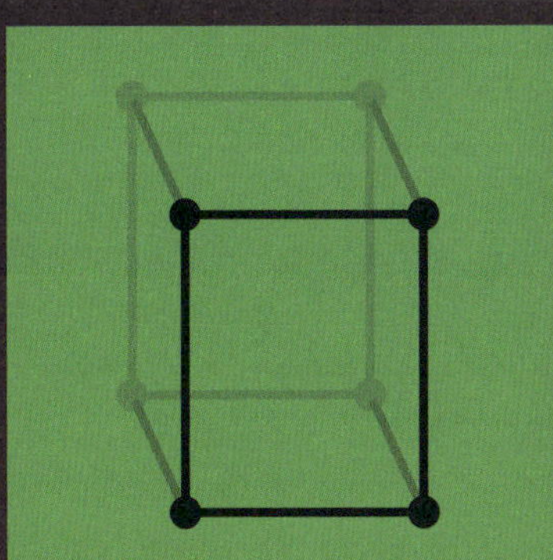

Uran

Actinoide

Eugène-Melchior Péligot. Das Metall fiel durch seine Festigkeit auf, blieb aber im Schatten anderer glanzvollerer oder nützlicherer Elemente. Als Dmitri Mendelejew 1869 alle bekannten Elemente in seiner berühmten Tabelle anordnete, war Uran ein vertrautes, aber wenig inspirierendes Mitglied. Das bemerkenswerteste an ihm war, dass es am Ende der Elemente-Reihe stand, quasi den Punkt am Ende des Periodensystems bildete. Dahinter, so nahm man an, existierte nichts mehr. Doch dann änderte sich alles.

1896 entdeckte der französische Physiker Henri Becquerel eine andere Seite des Urans: Der Wissenschaftler hatte eine Uransalzprobe auf einer lichtdicht verschlossenen Fotoplatte abgelegt. Die Platte schwärzte sich, obwohl sie nicht dem Licht ausgesetzt wurde. Daraus schloss Becquerel, dass Uran „unsichtbaren Strahlen" abgab, die die Verpackung durchdrangen. Becquerel hatte die Radioaktivität entdeckt. Die Geschichte der Elemente war noch nicht zu Ende. Stattdessen stand sie vor einer scharfen Wendung.

In den Jahrzehnten nach Becquerels Entdeckung nahmen Wissenschaftler die Komponenten der Atome auseinander: die Protonen, die das Element definierten, die Neutronen, die die Protonen an Ort und Stelle hielten, und die Elektronen, die um den Atomkern kreisten und alles im Gleichgewicht hielten. Schwere Atome, solche mit vielen Protonen oder einer instabilen Anzahl von Neutronen, konnten unerwünschten Ballast abstoßen und dabei viel Energie freisetzen. Das war die Strahlung, die Becquerel beobachtet hatte. Und wenn Atome Teilchen abgeben konnten, so überlegten manche, konnten sie vielleicht auch welche aufnehmen.

1938 versuchte der italienische Physiker Enrico Fermi, die Grenzen des Periodensystems zu erweitern, indem er Uranatome mit atomaren Teilchen beschoss, um herauszufinden, ob sie hängen blieben. Er reklamierte für sich, Element 94 entdeckt zu haben, und wurde dafür mit dem Nobelpreis ausgezeichnet. Aber Fermi hatte sich geirrt. Er hatte etwas sehr viel Wichtigeres entdeckt: Seine Uranatome hatten die Teilchen nicht absorbiert, sie waren zertrümmert worden und hatten dabei riesige Energiemengen freigesetzt. Das war der Schlüssel zur Nutzbarmachung von Atomenergie.

Element 94 wurde 1940 von einem Team der Berkeley University entdeckt, das ebenfalls Uran als Ausgangspunkt nahm, aber mit einer veränderten Methode arbeitete. Das neue Element, das Plutonium genannt wurde, war damals von besonderem Interesse, da es sich perfekt zum Bau einer Atombombe eignete. Die Frage war nur, wie man genug davon herstellen konnte, um eine brauchbare Waffe zu bauen. Die Antwort war erneut Uran.

Wenn man einen kleinen Raum mit ausreichend Uran füllte, würde es eine Kettenreaktion geben – jedenfalls in der Theorie. Zerfiele ein Uranatom, könnte das Teilchen, das es ausstieß, von einem anderen Uranatom aufgenommen werden, dessen Zerfall bewirken, wodurch weitere Teilchen ausgestoßen würden, und so weiter. Theoretisch könnte Uran Plutonium hervorbringen. Alles, was das Team für diesen Versuch brauchte, waren der Raum und das Uran.

Uran- und wissenschaftliche Ressourcen wurden in die Forschung gesteckt, die zugleich hypermodern und behelfsmäßig war. Der erste Atomreaktor wurde auf einem Squashplatz unterhalb eines Fußballstadions im Zentrum von Chicago errichtet. Seither ist die Welt nicht mehr dieselbe. Das Atomzeitalter hat die Bedrohung eines Atomkriegs und das Versprechen billiger Energie aus Atomkraftwerken mit sich gebracht. Uran ist heute ein gefährliches Gut. Es hat unseren Blick auf das Periodensystem und die Welt verändert – eine Wendung, die niemand vorhergesehen hat.

94

Pu

Plutonium
Der Radaubruder

Plutonium ist der zornige junge Mann des Periodensystems. Es scheint sich über seine bloße Existenz zu ärgern. Plutonium ist nicht nur wütend – seine verschiedenen Erscheinungsformen decken das gesamte Wutspektrum ab, von tiefem Groll bis zu Gewaltausbrüchen.

Als das von Glenn Seaborg geleitete Team in Berkeley beschloss, jenseits des vermeintlichen Endes des Periodensystems nach neuen Elementen zu suchen, begab es sich auf unbekanntes Terrain. Die Forscher wussten, dass Elemente, die schwerer waren als Uran, so sie denn existierten, vermutlich instabil waren. Aber sie konnten nicht ahnen, wie unkooperativ und temperamentvoll Element 94 sein würde.

Die Identität eines Elements wird durch die Anzahl der Protonen in seinem Kern bestimmt. Aber die Protonenanzahl in einem Atom ist nicht zwangsläufig festgelegt. Instabile Atome können die Teilchen in ihrem Kern neu anordnen und unerwünschte Teilchen abstoßen, um es sich bequemer zu machen. Zudem kann ein Wissenschaftler mit der richtigen Ausrüstung Atome mit Teilchen beschießen, um den Inhalt ihrer Kerne künstlich zu verändern. Seaborg und sein Team produzierten Element 94, indem sie Atome von Element 92 mit Teilchen beschossen.

Wenn man ein Element entdeckt, muss man ihm auch einen Namen geben. Seaborg entschied sich für Plutonium, nach dem kleinen Planeten, der nur elf Jahre zuvor entdeckt worden war und sich auf einer Umlaufbahn am äußeren

Plutonium

Actinoide

Schmelzpunkt

640 °C

Siedepunkt

3228 °C

Gruppe	Periode
f-Block	**7**

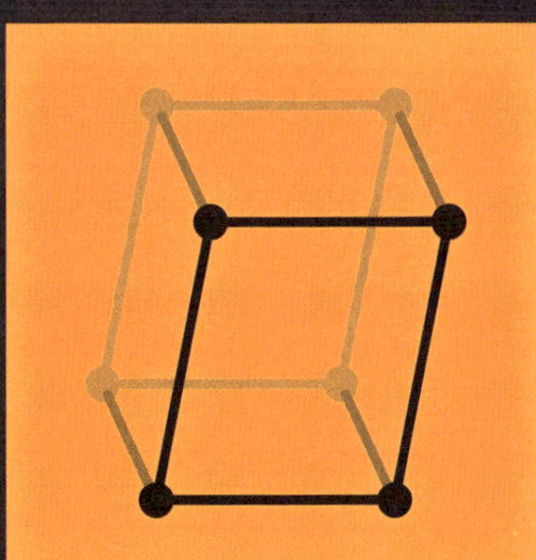

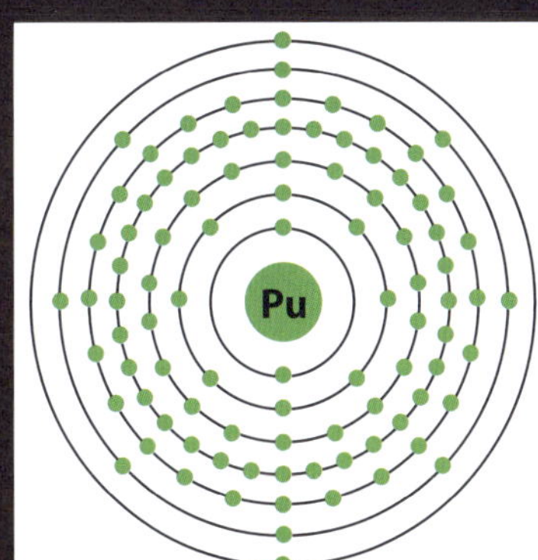

Rand unseres Sonnensystems bewegt. Das schien passend. Pluto war nach dem römischen Gott der Unterwelt benannt worden, was Seaborg – so behauptete er jedenfalls – damals nicht wusste. Der Name sollte sich als sehr viel passender erweisen, als er anfangs dachte. Plutonium ist genauso teuflisch wie sein Namensgeber.

Seaborg beschrieb Plutonium als „so ungewöhnlich, dass es unglaublich scheint". Selbst als er einige der außergewöhnlichen Eigenschaften des Elements beschrieb, verkaufte er es noch immer unter Wert: „Unter bestimmten Bedingungen kann es fast so hart und zerbrechlich sein wie Glas; unter anderen so weich und formbar wie Blei. Wenn es in der Luft erwärmt wird, verbrennt und zerfällt es rasch zu Pulver; wenn es bei Zimmertemperatur aufbewahrt wird, zersetzt es sich langsam … Es ist einzigartig unter all den chemischen Elementen. Und es ist teuflisch toxisch, sogar in kleinen Mengen." Seaborg lieferte hier nur eine allgemeine Beschreibung von Plutonium. Schlimmer wird es, wenn man die verschiedenen Arten dieses Elements betrachtet.

Alle 94 Protonen in jedem Plutoniumkern haben eine positive Ladung. Positive Ladungen stoßen einander ab, daher werden auch Neutronen, also, wie der Name schon sagt, neutrale Teilchen, benötigt, um sie beisammenzuhalten. Die Anzahl der Neutronen in einem Atomkern macht für die Identität eines Elements keinen Unterschied. Plutonium ist und bleibt Plutonium, ganz gleich, ob es 144 oder 150 Neutronen hat; es handelt sich lediglich um verschiedene Varietäten, sogenannte Isotope.

Plutonium-238, mit 144 Neutronen, ist geballter Hass, der gegen alles aufbegehrt, allerdings mit relativ geringer Wirkung. Dieses Isotop gibt viel

Strahlung ab, weshalb Blöcke aus diesem Material rot glühen. Doch diese Strahlung reicht nicht sehr weit und kann von einem einfachen Blatt Papier gestoppt werden. Die geballte Energie von Plutonium-238 wurde für den Antrieb von Satelliten und Raumfahrzeugen genutzt, die unser Sonnensystem erkunden.

Plutonium-240 dagegen ist sogar für eine Nuklearwaffe zu instabil. Plutonium-240 stößt nicht einfach unerwünschte Teilchen ab, sondern zerfällt bei der leisesten Provokation. Sein vorzeitiges Auseinanderbrechen würde bewirken, dass eine Bombe eher verpufft, statt zu detonieren.

Zwischen diesen beiden Extremen liegt Plutonium-239. Es hat ein furchterregendes Temperament, braucht aber den richtigen Ansporn, damit es in Gang kommt. Wie Plutonium-240 kann Plutonium-239 auseinanderbrechen und dabei riesige Energiemengen freisetzen, allerdings nur, wenn es durch Bombardierung mit Neutronen erheblich provoziert wird. Wenn man seine Plutonium-239-Atome locker verteilt und die Anzahl der sie umkreisenden Neutronen kontrolliert, erhält man eine verlässliche Energiequelle, die zur Stromerzeugung genutzt werden kann. Packt man dieselben Plutonium-239-Atome fest zusammen, erhält man eine Bombe.

Am 16. Juli 1945 detonierte eine Kugel mit zusammengepressten Plutonium-239-Atomen in der weltweit ersten Nuklearexplosion. Die an ihrer Entwicklung beteiligten Wissenschaftler schlossen Wetten ab, wie groß die Explosion sein würde. Der Physiker J. Robert Oppenheimer sagte voraus, dass sie mit 300 Tonnen TNT vergleichbar sein würde. Tatsächlich explodierten die knapp mehr als sechs Kilogramm Plutonium-239 mit der Sprengkraft von 15.000 Tonnen TNT. Als Oppenheimer sah, dass die pilzförmige Wolke zwölf Kilometer in den Himmel hinaufreichte, fiel ihm ein Zitat aus der *Bhagavad Gita*, einer wichtigen Schrift des Hinduismus, ein: „Jetzt bin ich der Tod geworden, der Zerstörer der Welten."

101

Md

Mendelevium
Der Chemiker

Das Periodensystem ist die einfachste Darstellung der grundlegenden Prinzipien der Chemie. Es ist in jedem Chemiebuch abgedruckt und ziert die Wände jedes Chemieraums. Jedes Element hat darin seinen Platz und wird durch ein oder zwei Buchstaben in einem Kästchen dargestellt, häufig zusammen mit ein paar weiteren Details, wie Masse, Atomgewicht und dem vollen Namen. Die Tabelle ist die erste Unterrichtseinheit oder, wie man im Englischen sagt, der „Kurs 101" der Chemie. Deshalb hat Element 101 den vielleicht passendsten Namen, denn es ist nach jenem Mann benannt, der das Periodensystem erfand: Dmitri Mendelejew. Seine Einsichten in die Chemie legten die Grundlagen für diese Wissenschaft, die später die Erschaffung des nach ihm benannten Elements ermöglichte.

Elemente waren schon lange vor Mendelejews Geburt identifiziert und bestimmt worden. Man hatte Listen erstellt, in denen sie meist nach zunehmender Masse sortiert waren. Einige Wissenschaftler hatten sogar Ähnlichkeiten und Übereinstimmungen zwischen bestimmten Elementen festgestellt und versucht, sie in kleinen Gruppen anzuordnen. Mendelejew jedoch war der Erste, der das Gesamtbild sah. Er erkannte, dass da mehr war als nur ein paar komische Übereinstimmungen zwischen einer Handvoll Elemente. Dem chemischen Verhalten aller Elemente lag ein regelmäßiges, oder periodisches, System zugrunde.

Das Periodensystem, wie es am Anfang dieses Buchs abgebildet ist, verdankt sich Mendelejews brillanten Erkenntnissen. Dass ihm dies gelang, ohne dass er

Mendelevium

Actinoide

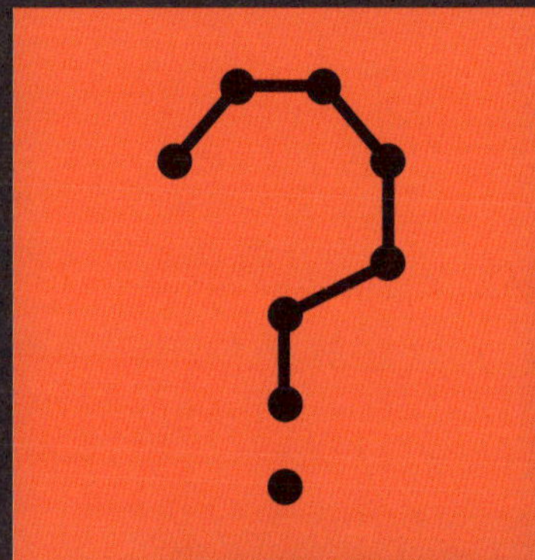

Schmelzpunkt

827 °C

Siedepunkt

Unbekannt

Gruppe	Periode
f-Block	**7**

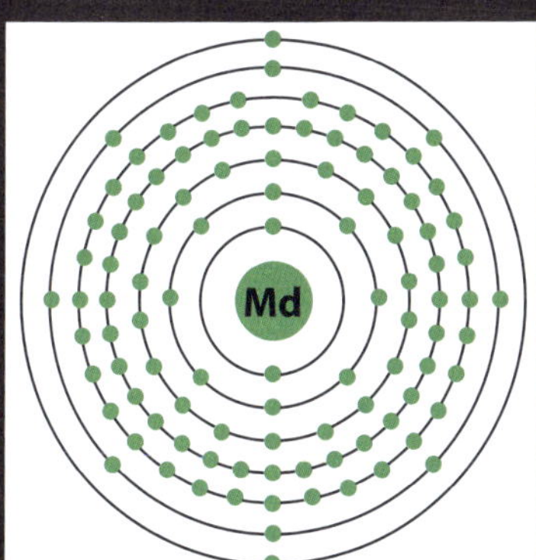

wusste, was ein Atom und wie es aufgebaut war, und zu einem Zeitpunkt, als ein Großteil der Elemente noch gar nicht entdeckt war, macht seine Leistung noch eindrucksvoller.

Als Ausgangspunkt nahm er, wie viele andere vor ihm, die Masse. Das leichteste Element, Wasserstoff, stellte er an die Spitze der Liste, ließ das nächstleichteste folgen und so weiter. Als die Liste länger wurde, fiel ihm auf, dass sich bestimmte Themen wiederholten. Sieben Elemente hinter Lithium gab es ein sehr ähnliches Element, Natrium. Weitere sieben Elemente weiter folgte Kalium, das ebenfalls viele chemische und physikalische Gemeinsamkeiten mit Lithium und Natrium besaß.

Anstatt seine lange vertikale Liste fortzuführen, entwarf Mendelejew daraufhin eine Tabelle mit acht Spalten und begann, die Elemente in der Reihenfolge ihrer Masse von links nach rechts einzuordnen. Jedes Mal, wenn er auf ein Element stieß, das der ersten Spalte ähnelte, fügte er es darunter an. So füllten sich alle Spalten mit Elementen, die sich ähnlich verhielten.

Dieses System machte auch die Probleme sichtbar. Da sich Mendelejew strikt an die Regel der zunehmenden Masse hielt, landeten einige Elemente in Spalten, in die sie definitiv nicht gehörten. Tellur war schwerer als Jod, aber die chemischen Gemeinsamkeiten der beiden Elemente legten nahe, dass es andersherum sein müsste. Mendelejew bestand darauf, dass sein Periodensystem korrekt war und alle anderen sich irren müssten. Er veränderte die Masse von Tellur so, wie er es für richtig hielt, und ergänzte das Element zuversichtlich links von Jod in seiner größer werdenden Tabelle.

Ein weiteres Problem bestand darin, dass in der Tabelle ganz klar Teile fehlten – wie die Antwort in einem Kreuzworträtsel, die nicht genug Buchstaben hat. An diesem Punkt hätten sicher viele gedacht, dass sie falsch lagen. Sollte Mendelejew sich je gefragt haben, ob er die richtige Antwort auf die vor ihm liegenden chemischen Hinweise gefunden hatte, so hielten seine Zweifel nicht lange an: Er verteilte seine Elemente einfach weiter und ließ einige Kästchen leer.

Aus Mendelejews Sicht standen die Löcher in seiner Tabelle nicht für Löcher in seiner Theorie, sondern untermauerten seine Argumentation: Sie waren Lücken, in denen Elemente stehen sollten, die nur noch niemand entdeckt hatte. Mit seinen großartigen Einsichten in die Natur chemischer Merkmale konnte Mendelejew die Massen und Eigenschaften dieser Elemente vorhersagen, bevor sie überhaupt entdeckt wurden. Als man sie schließlich aufspürte, legten sie genau die Merkmale an den Tag, die er prognostiziert hatte.

Mendelejews Periodensystem wurde bestätigt, und jede neue Entdeckung untermauerte die Richtigkeit seiner Tabelle. Seine einfache Organisationsmethode zeigte deutlich, dass Elemente Verhaltensmuster aufwiesen, die zum Vorhersagen der Eigenschaften neuer Elemente und der Ergebnisse chemischer Reaktionen genutzt werden konnten. Er zeigte, dass das Atomgewicht den Charakter eines Elements bestimmte. Das lang ersehnte Ziel der Alchemisten könnte erreichbar sein, wenn man einem Element nur Masse hinzufügen oder wegnehmen könnte. 1955 fügte ein Wissenschaftlerteam die Massen eines Helium- und eines Einsteinium-Atoms zusammen und schuf so Mendelevium: Es besaß alle Eigenschaften, die das Periodensystem seines Namensgebers vorhergesagt hatte.

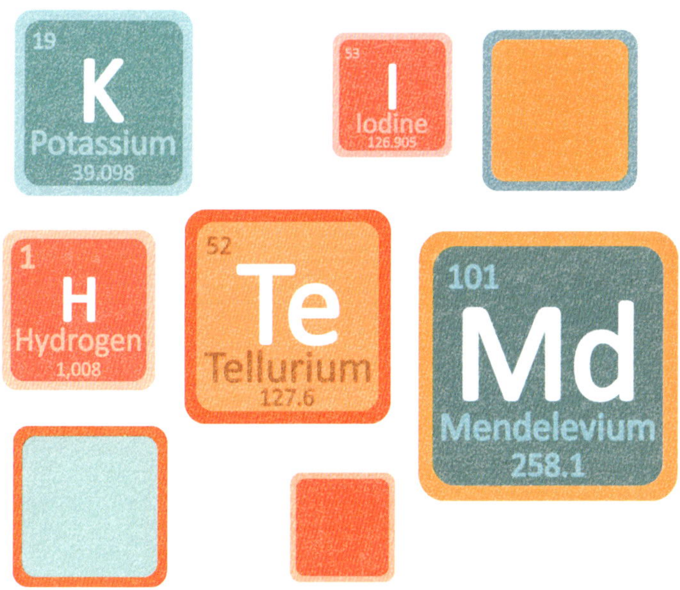

109

Mt

Meitnerium
Der Ehrerbietende

Namen sind wichtig. Sie sind nicht einfach nur da, um Dinge zu benennen, damit andere sie identifizieren können. Sie können auch einen Kontext, eine Geschichte, Ruhm und Schande transportieren. Den richtigen Namen für ein neues Element auszuwählen, ist gar nicht so einfach. Dieser Name und das Symbol werden auf Periodensystemen in tausenden Klassenräumen, Laboren und Büros zu sehen sein. Er wird der ausgewählten Person oder dem ausgewählten Ort Ruhm und Anerkennung bringen. Daher muss er gut überlegt sein.

Im späten 20. Jahrhundert entbrannte über die Namensgebung einer Reihe von Elementen, die in Laboren in den USA und der UdSSR geschaffen worden waren, ein erbitterter Streit, der als Transfermiumkriege bekannt wurde. Element 100 hatte man Fermium genannt, nach Enrico Fermi, dem Wissenschaftler, der beim Wettkampf zur Herstellung neuer Elemente den Startschuss gegeben hatte. Bei Element 101 herrschte ebenfalls Einigkeit, da es nach Dmitri Mendelejew, dem Vater des Periodensystems, benannt wurde. Danach wurden die Dinge komplizierter.

Wer ein neues Element entdeckt, hat normalerweise das Recht, ihm einen Namen zu geben oder zumindest einen Namen vorzuschlagen, mit dem er hofft, breite Akzeptanz zu finden. Aber von den neuen Transfermium-Elementen ließen sich nur wenige Atome gleichzeitig herstellen, und diese Atome zerfielen schnell wieder zu anderen Elementen. Es war schwer zu beweisen, dass sie je existiert hatten. Und da sich beide Seiten mit großem Misstrauen

Meitnerium

Übergangsmetall

Schmelzpunkt

Unbekannt

Siedepunkt

Unbekannt

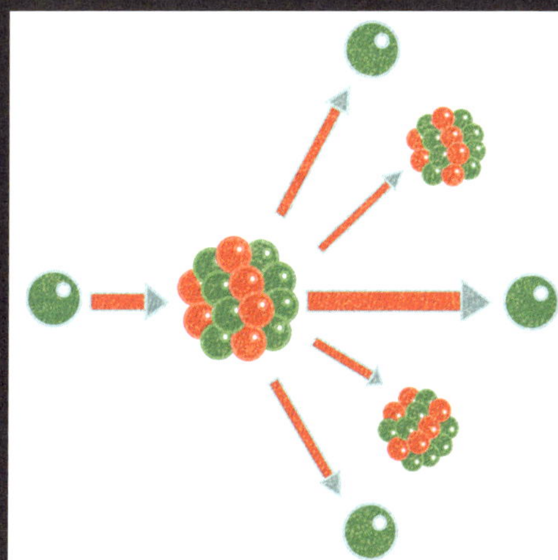

Gruppe	Periode
9	**7**

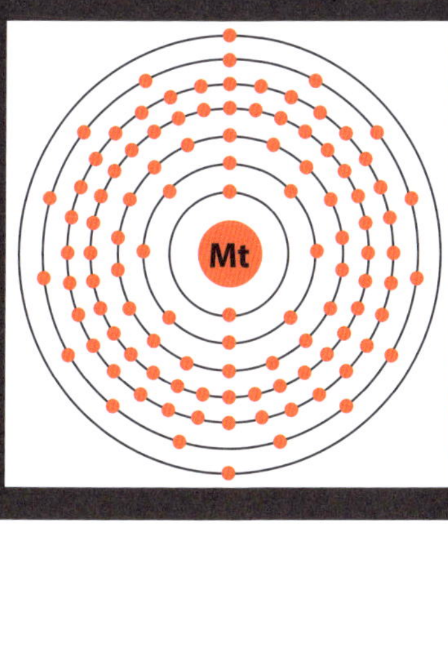

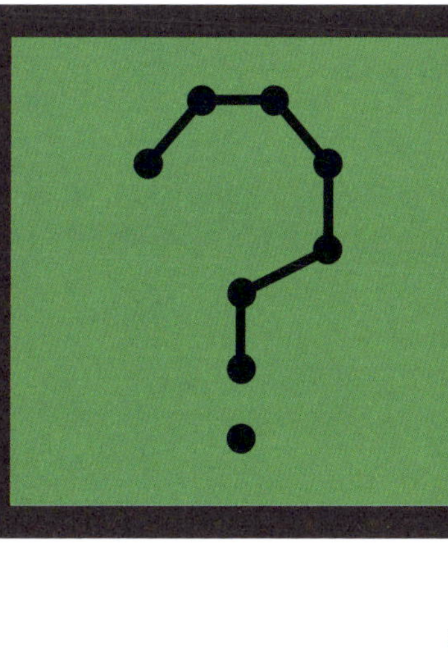

begegneten, rief die Bekanntgabe jeder neuen Entdeckung stets die Skepsis der anderen Seite hervor. Jede Seite war in ihrer Sichtweise so verhaftet, dass eine Zeit lang zwei Versionen des Periodensystems existierten. In der russischen Tabelle trugen die Elemente 102 bis 105 russische Namen; die Amerikaner hatten ihre eigene Version mit Namen, die sie vorgeschlagen hatten. Ein Name, Lawrencium, tauchte auf beiden Tabellen auf, bezeichnete aber verschiedene Elemente. Und ständig wurden weitere Elemente erschaffen. Deutschland stürzte sich ins Schlachtgetümmel, als es die Entdeckung der Elemente 107 bis 109 bekanntgab und gleich eigene Namensvorschläge mitlieferte. Es war ein verwirrendes, peinliches Durcheinander.

Schließlich wurde ein unabhängiges Gremium damit beauftragt, die Dinge zu klären. 1994 stellten die Mitglieder ihre Namensvorschläge für die Elemente 102 bis 109 vor. Zum ersten Mal seit Jahrzehnten konnten sich alle Seiten auf etwas einigen: Sie waren mit den Vorschlägen ganz und gar nicht einverstanden. Neue Gremien wurden ins Leben gerufen und weitere Vorschläge gemacht. Aber während dieser hässliche, gelegentlich einer Farce ähnelnde Streit weiterging, blieb der Name einer Person darüber erhaben.

Lise Meitner war eine brillante Wissenschaftlerin, die als Jüdin aus Nazideutschland hatte fliehen müssen. Ihr Kollege Otto Hahn war kein Jude, aber auch kein Nazi. Er schenkte Meitner den Diamantring seiner Mutter für den Fall, dass sie sich ihren Weg aus Deutschland heraus freikaufen müsste, und setzte seine Zusammenarbeit mit ihr auf die Entfernung fort. Als Hahns Experimente in Berlin Ergebnisse brachten, die er sich nicht erklären konnte, schrieb er Meitner nach Schweden und bat sie um Rat.

Hahn hatte versucht, neue Elemente herzustellen, indem er Uran, Element 92, mit atomaren Teilchen beschoss. Die meisten Teilchen verfehlten ihre winzigen Ziele. Einige schafften es, kleine Teile des Urankerns abzuspalten, aber nur wenige blieben haften und brachten ein schwereres Element hervor. Er versuchte alles Mögliche, konnte aber nur Barium finden, Element 56. Hahn verstand nicht, woher das Barium kam, und konnte sich nicht erklären, wie ein winziges Teilchen einen Barium-großen Klumpen aus dem Urankern herausschlagen konnte. Also schrieb er an Meitner: „Vielleicht kannst Du irgendeine fantastische Erklärung vorschlagen."

Wenn der Atomkern wie ein Tropfen Flüssigkeit war, überlegte Meitner, würde dieser schwabbeln und sich verformen, wenn man ihn mit Teilchen beschoss, und unter bestimmten Umständen würde er sich in zwei kleinere Tropfen aufspalten. In einer Reihe von Ferngesprächen schlug Meitner Hahn vor, ein einfaches Experiment durchzuführen, um diese Theorie zu bestätigen. Meitner behielt recht. Sie hatte richtig interpretiert: Nicht nur die Ergebnisse von Hahns Versuch, sondern auch anomale Ergebnisse anderer berühmter Physiker waren komplett falsch verstanden worden. Der Vorgang, der Kernspaltung genannt wurde, war eine monumentale Entdeckung. Er öffnete Physikern die Augen für das Potenzial der Atomkraft.

1945 wurde die Entdeckung der Kernspaltung mit einem Nobelpreis ausgezeichnet. Der Preis ging an Otto Hahn. Trotz 48 Nominierungen hat Meitner diese Auszeichnung nie erhalten. Sie wurde mit vielen anderen Ehren ausgezeichnet, doch die vielleicht größte wurde ihr 1997 zuteil. In diesem Jahr wurden endlich die Namen der Elemente 102 bis 109 festgelegt. Sie schmücken heute jedes moderne Periodensystem der Welt. Element 109 ist Meitnerium, der einzige Name, über den in all den Jahren nicht gestritten wurde. Er markiert das Ende der Transfermiumkriege und ist eine angemessene Ehre für Lise Meitner.

118

Og

Oganesson
Das Superschwergewicht

Viele Elemente sind ein bisschen ungewöhnlich. Verglichen mit ihren Geschwistern mögen sie die ein oder andere Macke haben oder sich bisweilen etwas seltsam verhalten, doch normalerweise nehmen wir ihre Schrulligkeit einfach hin, weil sie zur Familie gehören. Je weiter man sich vom Alltäglichen wegbewegt, desto seltsamer werden die Dinge. Die Elemente an den äußersten Rändern des Periodensystems sind zweifellos seltsam, aber ihr bizarres Verhalten ist womöglich nur ein sanfter Vorgeschmack auf die Verrücktheit, die uns noch erwartet.

Der äußerste Punkt des Periodensystems ist, zumindest im Moment, Oganesson, Element 118. Es ist nach Juri Oganesjan benannt, dem Mann, der für die Entdeckung der sogenannten superschweren Elemente, die jenseits von Element 103 liegen, eine maßgebliche Rolle gespielt hat. Oganesson erinnert an Alice, die auf dem Kaminsims balanciert, drauf und dran, durch den Spiegel zu schreiten.

Die Bereiche, die im Periodensystem jenseits von Uran liegen, werden gern mit einer Landkarte verglichen, auf der Inseln für stabile Elemente stehen, die von einem Meer aus Instabilität umspült werden. Einige dieser Inseln sind groß, andere kaum mehr als Sandbänke, die gerade so aus dem Wasser ragen. Elementjäger hoffen wie Abenteurer darauf, an diese Strände gespült zu werden, um exotische Spezies zu erjagen.

Lange Zeit waren Elementjäger in der Lage, gute Voraussagen darüber zu treffen, was sie bei ihren Erkundungen finden würden. Die Anordnung des

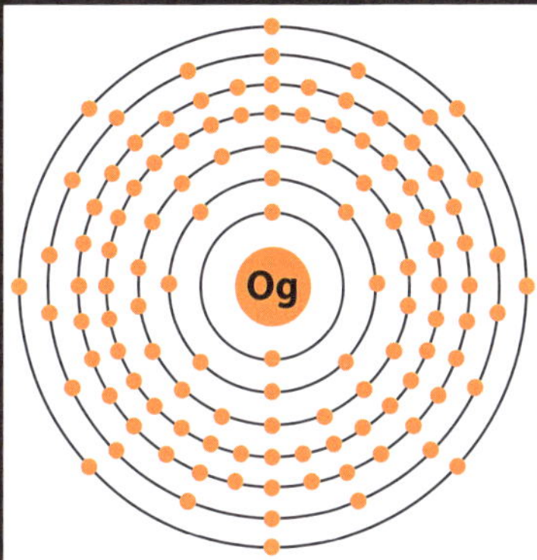

Schmelzpunkt

Unbekannt

Siedepunkt

Unbekannt

Gruppe	Periode
18	**7**

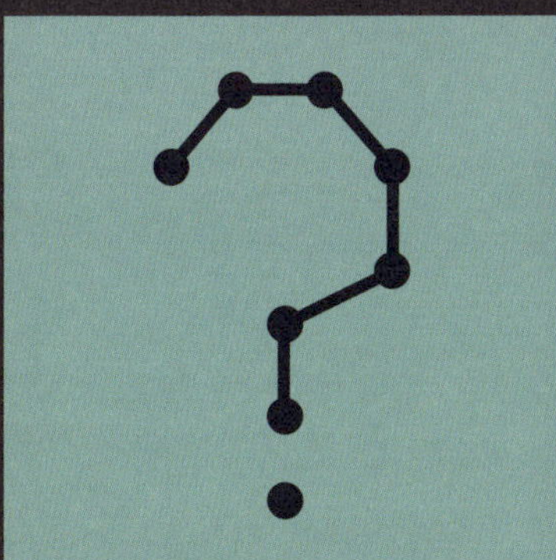

Oganesson

Edelgas?

Periodensystems veranschaulicht Trends und Gemeinsamkeiten zwischen den Elementen. Letztlich geht es immer um die Elektronen eines Atoms, die in Schalen und Unterschalen angeordnet sind. Form und Organisation dieser Schalen und Unterschalen sind strengen Regeln unterworfen, die festlegen, wie sich ein Atom verhält, wenn es auf ein anderes trifft. Elemente mit demselben Elektronenmuster in ihrer äußersten Schale verhalten sich ähnlich. Zinn zum Beispiel hat große Ähnlichkeit mit Blei, weil die äußersten Elektronen beider Elemente auf vergleichbare Art angeordnet sind.

Als Flerovium, Element 114, entdeckt wurde, war klar, dass es neben Element 113 gehörte und direkt unter Blei stehen musste. Die Anordnung unterhalb von Blei bedeutet, dass es sich ein wenig wie Blei verhalten sollte. Flerovium jedoch, das nach Georgi Fljorow, einem weiteren Giganten in der Welt der Elementjäger, benannt ist, scheint sich nicht an die Regeln zu halten. Das Problem sind die Elektronen: Diese superschweren Elemente haben so viele Elektronen, dass ihre Schalen, um sie unterzubringen, zu enormer Größe angewachsen sind und alle möglichen Probleme verursacht haben. Statt in festen Anordnungen zusammenzubleiben, schwärmen sie wie ein unbändiger Mob umher.

Würde sich Oganesson an die Regeln halten und wie die anderen Mitglieder seiner Periodenfamilie benehmen, wäre es ein unreaktives Gas. Viele Wissenschaftler und Wissenschaftlerinnen gehen allerdings davon aus, dass es sowohl fest als auch reaktiv ist. Da jedoch bisher nur eine Handvoll Oganesson-Atome produziert wurden und diese in Sekundenbruchteilen zerfallen, bleiben Aussagen über sein chemisches Verhalten vorerst wohlbegründete Vermutungen.

Während einige Wissenschaftler versuchen, Flerovium, Oganesson und den dazwischenliegenden Elementen ihre Geheimnisse zu entlocken, jagen andere bereits weiteren neuen Elementen nach. Die nächsten Ziele sind die Elemente 119 und 120. Man erwartet, dass sie in nicht allzu ferner Zukunft entdeckt werden. Wo sie im Periodensystem einsortiert werden, lässt sich weniger gut voraussagen.

Oganesson mag im periodischen Gefüge eine Grenze markieren, oder Alice, die am Rand des Kaninchenbaus steht. Jenseits von Element 118 ist alles möglich. Werden sich 119 und 120 auf den Leerstellen unter Gruppe 1 und 2 am äußeren linken Rand niederlassen? Oder wird man die beiden Elementreihen unterhalb der Haupttabelle um eine dritte ergänzen? Vielleicht sind diese neuen Elemente auch so seltsam, dass sie getrennt von den übrigen „konventionellen“ Elementen angeordnet werden müssen. Vielleicht wird der ganze periodische Stammbaum in den kommenden Jahren neu entworfen werden müssen. Niemand weiß das.

Element 120 ist vermutlich nicht das Ende des Abenteuers. Man geht davon aus, dass es da draußen noch sehr viel mehr Inseln der Stabilität gibt, die darauf warten, entdeckt zu werden. Manche Wissenschaftler glauben, dass die periodische Familie auf 172 Mitglieder erweitert werden könnte, und dabei schließen sie wahrscheinlich Elemente mit ein, die so seltsam sind wie Lewis Carrolls Bandersnatch, Jubjub oder Jabberwock. Genau wie Carrolls zehnköpfige Truppe, die sich auf die Suche nach dem mysteriösen Schnark begibt, einer Kreatur mit sehr außergewöhnlichen Eigenschaften, sind Elementjäger nicht ganz sicher, wonach sie suchen. Fest steht, dass sich diese Elemente, genau wie der Schnark, nicht auf gewöhnliche Art einfangen lassen.

Zeitleiste der Entdeckungen

● ● ● ● = im Buch vorgestellte Elemente

●	Vorgeschichte	**6 Kohlenstoff**
●	Vorgeschichte	**16 Schwefel**
●	Vorgeschichte	**29 Kupfer**
●	Altertum	**82 Blei**
●	um 3000 v. Chr.	**47 Silber**
●	um 3000 v. Chr.	**79 Gold**
●	um 2500 v. Chr.	**26 Eisen**
●	um 2100 v. Chr.	**50 Zinn**
●	um 1600 v. Chr.	**51 Antlmon**
●	um 1500 v. Chr.	**80 Quecksilber**
●	vor 20 v. Chr.	**30 Zink**
●	1250	**33 Arsen**
●	um 1500	**83 Bismuth**
●	1669	**15 Phosphor**
●	vor 1700	**78 Platin**
●	1735	**27 Cobalt**
●	1751	**28 Nickel**
●	1755	**12 Magnesium**
○	1766	**1 Wasserstoff**
●	1772	**7 Stickstoff**
●	1774	**8 Sauerstoff**
●	1774	**17 Chlor**
	1774	**25 Mangan**
	1781	**42 Molybdän**
	1783	**52 Tellur**
●	1783	**74 Wolfram**
	1789	**40 Zirconium**
●	1789	**92 Uran**
	1790	**38 Strontium**
●	1791	**22 Titan**
●	1794	**39 Yttrium**
●	1797	**4 Beryllium**
●	1798	**24 Chrom**
	1801	**23 Vanadium**
	1801	**41 Niob**
	1802	**73 Tantal**
	1803	**45 Rhodium**
	1803	**46 Palladium**
	1803	**58 Cer**
	1803	**76 Osmium**
	1803	**77 Iridium**
●	1807	**11 Natrium**
●	1807	**19 Kalium**
●	1808	**5 Bor**
●	1808	**20 Calcium**
●	1808	**56 Barium**
●	1811	**53 Jod**
●	1817	**3 Lithium**
●	1817	**34 Selen**
	1817	**48 Cadmium**
●	1824	**14 Silizium**
●	1825	**13 Aluminium**
●	1826	**35 Brom**
	1829	**90 Thorium**
	1839	**57 Lanthan**
	1843	**65 Terbium**

1843	**68 Erbium**
1844	**44 Ruthenium**
1860	**55 Caesium**
1861	**37 Rubidium**
1861	**81 Thallium**
1863	**49 Indium**
1875	**31 Gallium**
1878	**67 Holmium**
1878	**70 Ytterbium**
1879	**21 Scandium**
1879	**62 Samarium**
1879	**69 Thulium**
1880	**64 Gadolinium**
1885	**59 Praseodym**
1885	**60 Neodym**
1886	**9 Fluor**
1886	**32 Germanium**
1886	**66 Dysprosium**
1894	**18 Argon**
1895	**2 Helium**
1898	**10 Neon**
1898	**36 Krypton**
1898	**54 Xenon**
1898	**84 Polonium**
1898	**88 Radium**
1899	**89 Actinium**
1900	**86 Radon**
1901	**63 Europium**
1907	**71 Lutetium**
1913	**91 Protactinium**
1923	**72 Hafnium**

1925	**75 Rhenium**
1937	**43 Technetium**
1939	**87 Francium**
1940	**85 Astat**
1940	**93 Neptunium**
1940	**94 Plutonium**
1944	**95 Americium**
1944	**96 Curium**
1945	**61 Promethium**
1949	**97 Berkelium**
1950	**98 Californium**
1952	**99 Einsteinium**
1953	**100 Fermium**
1955	**101 Mendelevium**
1963	**102 Nobelium**
1964	**104 Rutherfordium**
1965	**103 Lawrencium**
1968–70	**105 Dubnium**
1974	**106 Seaborgium**
1981	**107 Bohrium**
1982	**109 Meitnerium**
1984	**108 Hassium**
1994	**110 Darmstadtium**
1994	**111 Roentgenium**
1996	**112 Copernicium**
1999	**114 Flerovium**
2000	**116 Livermorium**
2004	**113 Nihonium**
2006	**118 Oganesson**
2010	**115 Moscovium**
2010	**117 Tenness**

Bibliografie

Aldersey-Williams, H.: *Das wilde Leben der Elemente: Wie Chemie Geschichte gemacht hat*, dtv, München, 2013
Bryson, B.: *Eine kurze Geschichte von fast allem*, Goldmann, München, 2005
Burnett III, Z.: „LSD Perfume and Exploding Seashells: The 40-Year History of CIA Plots to Kill Castro", in: *MEL Magazine*, https://melmagazine.com/en-us/story/cia-plots-kill-fidel-castro, 2020
Carroll, L.: *Die Jagd nach dem Schnark. Agonie in acht Krämpfen*, Insel, Frankfurt/M., 1968
Chapman, K.: *Superheavy: Making and Breaking the Periodic Table*, Bloomsbury Publishing, London, 2019
Chaston, J. C.: „The Powder Metallurgy of Platinum: An Historical Account of its Origins and Growth", in: *Platinum Metals Review*, Heft 24, Ausgabe 2, 1980
Davy, H.: *The Bakerian Lecture, on Some Chemical Agencies of Electricity*, Philosophical Transactions, 1806
Emsley, J.: *Die Elemente*, De Gruyter, Berlin, 1994
Emsley, J.: *Nature's Building Blocks: An A-Z Guide to the Elements*, Oxford University Press, Oxford, 2001
Emsley, J.: *Phosphor – ein Element auf Leben und Tod*, Wiley-VCH, Weinheim, 2001
Everts, S.: „Van Gogh's Fading Colours Inspire Scientific Enquiry", in: *Chemical and Engineering News*, Heft 95, Ausgabe 10, 2016
Freestone, I./Meeks, N./Sax, M./Higgit, C.: „The Lycurgus Cup – A Roman Nanotechnology", in: *Gold Bulletin*, Heft 40, Ausgabe 4, 2007
Golomb, B. A.: *Pyridostigmine Bromide*, Kapitel 10: *Bromism*, National Defense Research Institute, RAND, 1999
Gusenius, E. M.: *Beginnings of Greatness in Swedish Chemistry: Georg Brandt (1696–1768)*, Transactions of the Kansas Academy of Science, 70(4), S. 413–425, 1967
Hager, T.: *The Alchemy of Air: A Jewish Genius, a Doomed Tycoon, and the Scientific Discovery That Fed the World but Fuelled the Rise of Hitler*, Three Rivers Press, New York, 2008

Kauffman, G. B./Mayo, I.: „Memory Metal“, in: *ChemMatters*, Oktober, P4, 1993

Kean, S.: *Die Ordnung der Dinge: Im Reich der Elemente*, Hoffmann und Campe, Hamburg, 2011

Klaassen, C. D. (Hrsg.): *Casarett & Doull's Toxicology: The Basic Science of Poisons*, McGraw-Hill Education, New York, Chicago, San Francisco, 2013

Lane, N.: *Oxygen: The Molecule That Made the World*, Oxford University Press, Oxford, 2002

Monico, L./Van der Snickt, G./Janssens, K., et. al.: „Degradation Process of Lead Chromate in Painting by Vincent van Gogh Studied by Means of Synchrotron X-ray Spectromicroscopy and Related Methods“, 1. „Artificially Aged Model Samples“, in: *Analytical Chemistry*, Heft 83, S. 1214–1223, 2011

Principe, L. M.: *The Secrets of Alchemy*, The University of Chicago Press, Chicago und London, 2013

Rayman, M. P.: „The Importance of Selenium to Human Health“, in: *The Lancet*, Ausgabe 356, 2000

Relman, A. S.: „The Physiological Behaviour of Rubidium und Caesium in Relation to that of Potassium“, in: *Yale Journal of Biological Medicine*, Heft 29, Ausgabe 3, 1956

Sacks, O.: *Onkel Wolfram: Erinnerungen*, Rowohlt, Hamburg, 2019

Scott, D.: *Around the World in 18 Elements*, Royal Society of Chemistry, Cambridge, 2014

St. Clair Thomson, Sir: „Antimonyall Cups: Pocula Emetica or Calices Vomitorii“, in: *Proc Roy. Soc. Med.*, Heft 19, Ausgabe 9, 1925

Stone, T./Darlington, G.: *Pills, Potions and Poisons*, Oxford University Press, Oxford, 2000

Twain, M.: *Sold to Satan*, 1904

Van Dyke, Y.: *The Care of Lead White in Medieval Manuscripts, Toronto Art Restoration*, https://torontoartrestoration.com/the-care-of-medieval-manuscripts-issues-with-lead-white/, 2015

The First Weighing of Plutonium, University of Chicago, 1967

Internetseiten

Interaktives Periodensystem der Royal Society of Chemistry: https://www.rsc.org/periodic-table

http://drinkcrazywater.com/crazy-water-history/

Über die Autorin

Kathryn Harkup ist Chemikerin und Autorin. Ihr erstes Buch, *A is for Arsen*, war ein internationaler Bestseller. In *Making the Monster* hat sie über die Wissenschaft von Frankenstein und in *Death By Shakespeare* über sämtliche Todesarten in Shakespeares Stücken geschrieben. In ihrem neuesten Werk, *Vampirology*, beleuchtet sie den wissenschaftlichen Hintergrund des berühmtesten Unholds der Schauerliteratur.

Danksagung

Ein riesengroßes Dankeschön geht an Kerry Enzor, die mich eingeladen hat, Teil dieses großartigen Projekts zu werden. Sie hatte diese brillante Idee, und ich bin ein bisschen neidisch, dass ich nicht zuerst darauf gekommen bin. Ich habe es sehr genossen, meine alten Elemente-Freunde wiederzusehen und neue kennenzulernen. Eine große Anerkennung geht auch an Anna Southgate für ihr Lektorat, ihren kreativen Input und dafür, dass sie stets den Überblick behalten hat. Danke auch an Luke Bird für das fantastische Layout und an Jo Parry für die fabelhaften Illustrationen.

Schreiben ist nicht immer ein einsames Geschäft. Es gibt viele Leute, die für den Prozess von unschätzbarem Wert sind, weil sie konstruktive Kritik üben und einen scharfen Blick für schlechte Grammatik, holprige Sätze oder allgemeinen Nonsens haben. Paul Carpenter, David und Sharon Harkup, Dónal Mac Erlaine, Ashley Pearson und Richard und Violet Stutely haben mir netterweise alle ihre Zeit geschenkt und wohlüberlegte Antworten auf meine Fragen gegeben. Wie immer haben meine Eltern, Margaret und Mick, klaglos (zumindest mir gegenüber) jedes Wort gelesen, das ich geschrieben habe, ganz gleich, ob das Thema sie interessierte oder nicht, und hilfreiches Feedback gegeben. Matthew May und Mark Whiting haben mir beide sehr großzügig ihre Zeit und ihre chemische und metallurgische Expertise zur Verfügung gestellt. Jedes Feedback und jeder Hinweis haben das Buch stark verbessert. Dafür bin ich allen Beteiligten sehr dankbar. Alle verbliebenen Fehler, misslichen Sätze oder unverständlichen Passagen gehen allein auf mich zurück.

Mein Dank geht auch an viele Mitglieder der Blue Sea Writers Group für ihre Ermutigungen und ihre Unterstützung während des gesamten Schreibprozesses. Wie immer war mir Bill Backhouse eine große Hilfe. Er ist stets mit einem Tee und Anteilnahme für mich da, auch wenn es nur virtuell ist. Danke.